情绪心理学的 12 堂公开课

张耀翔 著

华文出版社
SINO-CULTURE PRESS

图书在版编目（CIP）数据

情绪心理学的12堂公开课/张耀翔著. -- 北京:华文出版社,2020.1
 ISBN 978-7-5075-5227-0
 Ⅰ.①情… Ⅱ.①张… Ⅲ.①情绪－心理学 Ⅳ.①B842.6

中国版本图书馆CIP数据核字（2019）第273156号

情绪心理学的12堂公开课
QINGXU XINLIXUE DE 12 TANG GONGKAI KE

著　　者：	张耀翔
出版策划：	品　雅
责任编辑：	曹昌虹
出版发行：	华文出版社
社　　址：	北京市西城区广外大街305号8区2号楼
邮政编码：	100055
网　　址：	http://www.hwcbs.com.cn
电　　话：	总 编 室 010-58336239　　发 行 部 010-58336267　58336230
	责任编辑 010-58336195
经　　销：	新华书店
印　　刷：	北京柯蓝博泰印务有限公司
开　　本：	880×1280　1/32
印　　张：	6.5
字　　数：	106千字
版　　次：	2020年1月第1版
印　　次：	2020年1月第1次印刷
书　　号：	ISBN 978-7-5075-5227-0
定　　价：	39.80元

版权所有　侵权必究

自 序

本书在抗战前就开始写了,前后有十余年之久。为什么写得这样慢呢?因为这只是一部全书的一编,而今分开刊行,其经过见《感觉心理》序文,此地不再细述。

作者每写心理学文稿,总想尽量采用中国的材料,一则与西文互相印证,一则使国人亲切易解。为此,总会花费不少时间向故书堆中发掘。偶有所获,惊喜莫名。中国古代哲学家最重情性研究。其中固然谬论众多,但真知灼见亦是不少,本书所引不过九牛一毛耳。

假若将人类心理生活分作理智与情绪两类,并承认情绪对于人生的影响远较理智为大的话(理由见第一章),则人人有研究它的必要。依靠情绪发展其事业的人,例如教育家、宗教家、文学家、艺术家、政治家、演说家及一切居领导地位的人,尤其应当注意这一类的研究。除了心理学同仁,本书亦献给上述各界人士参考。

张耀翔

目　录
contents

第一章　概论
定义 002
情绪与感觉的区别 004
哲学家论情绪 004
宗教家论情绪 006
浪漫派论情绪 007
情绪的任务 008
情绪天生 008
情绪最难实验 009
情绪的刺激 009
变态和变态情绪 010
情绪的共通性 011

第二章　情绪分类
情绪分类的困难 014
情绪名称 019

第三章　情绪生理

脏腑说 022
交感神经与情绪 024
甲状腺与情绪 026
肾上腺与情绪 027
脉管状腺与情绪 028
其他各腺与情绪 028
情绪影响呼吸 029
情绪影响身体抵抗电流的能力 030
情绪影响代谢作用 030
情绪影响循环 030
情绪的体内扰动之原因 031
肌肉与情绪 032
苦乐生理 033
《内经》论情绪生理 033
嵇康论情绪之生理的影响 034

第四章　情绪表现

迪谢纳的实验 036
达尔文的实验 037
达氏表情原则 037
冯特表情原则 041
外部表现是语言的一种 042
眼与嘴的表情孰多 043

哭 044
笑 045

第五章　情绪学说

古今各种情绪学说 048
古代哲学家的学说 048
笛卡儿的学说 049
斯宾诺莎的学说 050
詹兰学说 053
关于詹兰学说的驳辩 056
詹兰学说的主要贡献 058
中国固有类似詹兰的学说 059
詹兰学说的教训 060
康诺的学说 060
格瑞的学说 062

第六章　原情与杂情

定义 066
原情间的天生联络 066
原情与冲动 067
人类在原情上的个别差异 068
杂情种类 069
原情组成杂情的途径 069
杂情种类详叙 072

宗教的情绪 073

道德的情绪 079

知识的情绪 079

艺术的情绪 081

感慨 081

期望 082

羞耻 082

害羞 082

羞耻的由来 083

懊悔 083

忧虑 084

极端情绪 086

气候与情绪 088

光线与情绪 089

人类在情绪上的差异 090

文艺与情绪 091

仪式与情绪 092

情绪与新观念、新习惯、新生活 092

第七章 愤怒

怒的分类 096

唐雎论怒 098

怒的基础 098

怒的感情 099

目 录

怒别于惧 099
怒的原因 100
迁怒 101
怒的生理 102
怒的表现 104
怒时语音 105
怒笑 105
怒与性欲 105
怒的起初表现 106
怒的进化 106
怒的冲动性 107
怒与战争 107
动物的怒 108
怒的变态 109
狂怒 110
嗜杀 110
怒的利弊 112
怒的控制 113
霍尔的调查 115
两性在愤怒上的差异 115
愤怒的时期 116
怒的可教性 117
怒的教育价值 117

第八章　恐惧

恐惧的初现 120

恐惧的生理 120

天生的恐惧 122

恐惧的本来刺激 122

怕黑暗 126

怕响声 127

痛苦惧与厌恶惧 127

恐惧与厌恶 128

恐惧与体质 128

男勇女怯的养成 129

正常的恐惧 129

变态恐怖 130

变态恐惧的起因 133

怕血 134

不知怕 135

疑惑 135

两性在恐惧上的差异 136

恐惧与精神病 137

勇怯一人兼有 137

恐惧适应 138

恐惧的控制 139

第九章　自觉

自觉的种类 142

自觉的生理 143

自觉是形成许多杂情的元素 143

自觉的利益 144

自觉的来源 144

无节制的自觉 145

自尊狂 145

自卑狂 147

自杀与自卫 148

考虑的自杀 148

冲动的自杀 149

遗传的自杀 150

第十章　爱

儿爱 152

母爱 153

父爱 154

孝 155

报恩 156

友爱 157

仁爱 158

仁爱的生理 159

性爱 160

性爱的生理 160

性爱的演进 161

本能的爱 162

恋爱 163

恋爱与美感 163

性爱与慈爱及友爱 164

性爱与赞扬 164

恋爱与自尊 165

性爱与占取 166

性爱与自由 166

理智的性爱 167

性爱与感觉 168

同情 169

生理的同情 169

心理的同情 170

理智的同情 171

活动与同情 172

同情的效用 172

智人的同情 172

第十一章 两性差异

女性富于情绪 176

女性羞 177

反射运动与情绪 177

呜咽及出声笑 178

噘嘴 178

面部表情 179

不随意肌的可动性 180

膀胱与情绪 181

血液与情绪 182

女性易受暗示 182

女性情绪易走极端 183

两性情绪差异能否消灭 183

第十二章 情绪记忆

情绪记忆能否存在 186

快乐记忆与忧愁记忆孰强孰弱 188

快乐记忆与忧愁记忆的生理基础 190

情绪记忆与感觉记忆 190

忧乐相克的能力 191

情绪的接近联想 191

情绪的类似联想 192

第一章

概论

定义

"人非草木,孰能无情?"这是指狭义的爱情。其实各种情绪一人莫不具备。若说情绪在某个人或某种族身上不发达尚可,但若说完全没有(除极少数变态情形,尤指自痴)便是不可能的了。因为情绪起于生活的变化,我们的生活既不能绝对单调,至少也不能逃避得、失、荣、辱、生、死诸情境,自然不免常有喜、怒、哀、惧诸情绪的发生。"安时而处顺,哀乐不能人也",这是专制时代的帝王也免不了的愁恨。

各家对情绪的界说很不一致。有的说它是许多感觉的聚合,有的说它是过去苦乐联想的再生,也有说它是意志力量的一种,有特殊行为倾向时起到自我控制的作用。伍德沃斯的"一般机体的骚扰"和沃顿的"多量机体变化的反应"两个定义最清楚,引用的人最多。其实种种解释中国数千年前早有人道破。形而上的研究,尤指情性,是中国古代学者最注重的一个研究，有些地方确实见得到。作者至少发现三人对情绪的定义与现代西洋心理学者所拟的不谋而合。

最早的一位是关尹子（尹喜或他人，让史学家去考证，我们只要知道他是千载以前的古人就够了）。他说："情，波也；心，流也；性，水也。"这个比喻是何等贴切。他所谓"性"，就是指有机体平时的状态。这状态像江河的水，虽然时刻在流动，但在无风时是很平静的流动，他称这流动状态为"心"，现代人则称之为"意识"或"思想"。名称虽异，所指则同。现代心理学权威威廉·詹姆斯也称"心"为"流"。"思想流"（Stream of thought）便是他提出来的一个名词。"情"是一种特殊的流动，好像平静的水遇到大风而起的波浪。水的扰乱叫作波浪，有机体上的扰乱则叫作情绪，大风是指情绪的刺激。

第二位是宋朝大儒程颐。他说："性之动者谓之情。性之有喜怒犹水之有波浪。"第三位是朱熹。他说："性是未动，情是已动，心包含已动未动。"三人对情绪的解释大致相同。不过一个比一个说得更清楚些。"情绪"的英文"emotion"，在字典上的普通解释为agitation（扰乱）、为disturbance（骚扰），并且本身显然包含一个"动"字

（motion）。从英文"情"字里看出"动"的意义不难，从中文里看出则非大用心思、实际观察不可。

情绪与感觉的区别

感觉需要一个"对外来刺激起特殊作用"的机体，原始情绪也需要这种机体，这是感觉和情绪相同的地方。不同之处在于，视、听、嗅等感觉各有其特殊固定的机体即感官，喜、怒、惧等情绪各为若干感觉的联合，其机体则散布周身。甲情绪的机体和乙情绪的机体之不同，不在其成分而在其组织上。就甲情绪机体原有的成分加以改组，可得到乙情绪的机体。感觉不但有感官，且在大脑外皮有固定中枢，情绪则无此中枢。

哲学家论情绪

有的学者将情绪视为下流状态，柏拉图便是其中一人。柏氏置理性于第一，意志第二，情感第三。他说富于情感的人

（教徒、军人等）应当受富于理性的人（哲学家）的统治。理性管辖情感，这在哲学家中是十分常见的主张。十八世纪的休谟哲学和2200年前的柏氏哲学是何等不同，但在这一点上则完全一致。休氏认为群众乃情感的产物，所以他最反对群众运动。我国哲学家也有很多类似的论调。姑以庄子做代表，他说，"喜怒者道之过，好恶者德之失"，喜怒好恶都是道德的过失。还有人佩服这种哲学。什么叫作"礼教"？反情绪、反自然的大同盟罢了。今人称它是吃人的东西，其实连灵魂也被它吃掉。

更有甚者，认为情绪是一种变态，大哲学家康德便是其中一人。他把一切情感都列在心理疾病的范畴，认为于人皆有害。只有受严格理性控制的心才是健全之心（见康氏著《人类学》）。这种学说和柏休的学说同为理想派伦理学家的见解，若从今日实用派心理学去看，是十分奇特的。实用派心理学家不谈抽象的理想人，只谈实际的大多数人。实际的大多数人的心理生活中，情绪显然比理性更为重要。国家及个人命运多决定于情感，决定于理智者微乎其微。王道不外乎人情。由暴发的情绪所丧失的生命比洪水猛兽所丧失的尤众，所破坏的产业比台风地震所破坏的还多。《战国策》记载天子一怒的结果为

"伏尸百万，流血千里"。试看古今无数战事，有几次不是意气之争？等到理智占优势的时候，便是休战议和的日子。

天下没有一种力量可敌得过情绪。喜则三军挟纩，怒则诸侯震惶。怨于心者，哀声可以应木石；感于情者，至性可以通神明。以喜、怒、哀、惧为变态，以爱美、好奇、慈悲为心疾，这真是不懂人性的学说。试想，若除去一切情绪，人们的生活还有什么意思？按此学说，只有数学教师在解决数学问题时，才是天下心理最健全者。医治心理疾病，并不是非要消减其同情、慈爱、恋慕等情绪不可。否则，谁又情愿做这种医师呢？那些只有思想、认识、判断而无忧虑、恐惧、喜乐的人，到底不是真实、健全、完备的人。不偎不爱，不畏不怒，只有华胥国的仙人才是这样。

宗教家论情绪

大哲学家一念之差，流毒无穷。宗教家继承哲学家的思想，变本加厉，公然提倡禁欲主义，终身不许修道者结婚，无异于残忍的刑罚。一般人只知道世上最苦的所在是监狱，但监狱只束缚人的身体自由，而庙宇及修道院则对人的心理自由也加束缚。英国一位著名作家参观了某修道院后，发愤写下数十篇文章反对宗教，可知他当时所受的打击。假使天堂就像修道院或庙宇的话，我愿世人尽堕地狱。地狱只给人肉体的痛苦。如果做圣人的条件是"不动心"，是"心如止水"，是寡欲，是压迫一切情绪，我愿圣人永不诞生。正常的人民不需要他。基督教会一向以交际跳舞为不道德，现在美国有一些假会堂，作为招待教友聚乐的舞厅，可谓进步。

浪漫派论情绪

反对哲学家及宗教家对情绪之见解的，只有十八世纪与十九世纪的浪漫派。该派颇具心理学眼光，对情绪生活十分重视。倡言以表现情绪为自由，服从理性为迂腐，并说人生的意义和价值尽在情感当中。这种见解刚好和哲学家相反。造成这相反见解的是他们对人性的态度。哲学家和宗教家以人性为恶，所以防它如防大敌，时刻想把它征服于他们所说的"真理"之下。浪漫派相信人性自能完美，不需神力，所以要求自由表现，最好假借各种情绪来表现。该派的缺点在过于相信人性是善的。他们只是要求解放，不管解放以后的结果。心理学最重适应，不忘情境。研究情绪心理的人最好打破一切性善性恶的成见，留心事实。人的本性没有绝对的善恶可言。

情绪的任务

情绪在人类生活中的任务很多：成为我们工作的动机，增加我们的幸福，促进我们身心的健康。想要获得健全的生活和成功的事业，非善控制情绪不可，所谓自制及管理人，其大部分工作其实是在管理情绪。

情绪天生

情绪是天生的反应，其发生不靠练习。人们只学害怕什么东西，应该忧虑什么事情，不需要学害怕和忧虑的方法。

情绪最难实验

情绪是心理现象中最难进行实验的。其象忽起忽灭,稍纵即逝,很难控制。当人真正悲哀、忧虑、恼怒、恐惧时,不容他人试验。容他人试验时,其情绪早已过去,或正在消灭。喜乐之人较适于受试验,但在不熟悉的实验室内难免发生疑惧。

情绪的刺激

情绪无非内官感觉及外在动作的总经验。一切内官感觉的起始都是化学的活动。其刺激都是化学性的。分气体与液体两种。突然由户外走进充满瘴气的室内属于第一种。饮酒,打吗啡针,属于第二种。凡补品、毒素、兴奋剂,麻醉药如烟、酒、咖啡精、古加碱,各种春药之类,都是改变内官活动,所以都影响情绪。

化学的刺激又有自外来和自内发生的两种。刚才所说的都属第一种。心脏是毒素的收藏所、化验室。这里的化验工作对情绪有很大影响,循环的急、缓与血液的盈、亏、清、浊,无一不使情绪生活起变化。总动脉有病，血亏，则容易发怒；贲门力弱，血盈，则不爱讲话，多忧郁。患精神病、痛风症、风湿症的人，其性情也随着病症改变。胃汁的分泌与感情（苦与乐）有关。患胃病的人容易流于悲观。这些都是医家久经证明的事实，其刺激都发自体内。

许多动物在性欲冲动时，体内会发生强烈的化学反应。这反应不限于性器官，可扩至全身。外在表现有皮肤颜色的改变及体味（俗称狐臭）的改变。这时所得的鹿、兔、鱼等多不可食，因为肉内有毒。动物同时也变野蛮、暴烈、好斗、危险了。人在青春、怀孕、哺乳及经期内，性情也与平时不大相同。

变态和变态情绪

情绪又有常态和变态两种。凡情绪反应与其刺激之力量太不相称，刺激取消以后而情绪久不消灭，或伴随情绪而生的身体状态异常强烈，这样的情绪都属于变态。

情绪的共通性

情绪虽各有其特征，但亦有其共通性。特定的意识导致特定的状态，特定的机体有其特定的作用，有活动或活动的倾向，有阻止某活动或阻止的倾向，这些都是它较为广泛的共通性。若就几种原始情绪加以研究，还有下列各特点：

（1）同一情绪，可由各种刺激唤起。譬如愤怒，可由任何反抗唤起，恐惧可由任何危险激发。给人以老拳、败坏他人的名誉、凌辱他人的妻子、毁坏他人的祖坟，甚至掠夺他人的玩物、伤害他人的牲畜、阻拦他人的去路，都足以惹动人的气愤，触人恼怒，直到与人口角、动武、打官司为止。

（2）同一情绪，可由各级意识——从最低的感觉到最高的意志——唤起。譬如愤怒，可由伤痛或打击引起，也可由正义或真理激发，例如圣保罗对加拉太人、文王对诸侯所发的怒。快乐可由好消息引起，也可由吸烟、饮酒、打吗啡针或用其他兴奋品激发。

（3）无论刺激的性质属哪一类，同一情绪内的表现总是一样的。身体受侵害和精神受侵害同样会使人咬牙切齿，摩拳擦掌。情绪的表现是一种普通适应，不对特殊刺激起特殊反应。乍听雷声、独在暗室、从高处向下看、遇到毒蛇猛兽、临深渊、履薄冰、航海遇着台风、走旷野遇强盗、第一次登台演说、清夜谈鬼……这些同样可使人不寒而栗，毛骨悚然。

（4）同一情绪，可向各种对象发泄。怒者打人，打动物，打家具，打自己。曾在外受责备或委屈的人，回家后鲜有不向其妻子、儿女、仆役咆哮的。和暴躁的人共事，很容易受到责咎。悲哀成性的人望明月思乡，见杨柳怨人——触目伤怀。乐观的人，妻梅子鹤。侣鱼虾而友麋鹿，看万物无不自得。无子女者养他人之子亦己子，甚至代以小动物。女人养狗猫，多是因为没有孩子或没有幼儿。无爱人者往往寄其情于风、月、诗、歌及各种学问、事业。在情场失意的人，在名利场中就要得意；既然不成鸳鸯，就去羡慕神仙。

第二章

情绪分类

情绪分类的困难

做情绪分类有三种困难：（1）情绪的范围不清楚。有人将快感、不快感、疲劳、努力等经验也列在内。（2）各种情绪（尤指复杂情绪）的意义不分明，其名称也从未统一。（3）无独立的器官和可划分的机能。但尝试这种工作的仍大有人在。此处仅举有代表性的五例：

（一）杜蒙特的分类

杜蒙特以苦乐（即快感与不快感）为标准，分情绪为积极的苦（包含努力、疲劳、憎恶、丑陋、不道德、虚伪等）、消极的苦（软弱、无聊、身体的痛苦、迷惑、怀疑、不耐烦、期望、忧愁、悲哀、惋惜等）、积极的乐（各种感觉的满足，各种游戏、运动及幻想的愉快，美术及知识的快乐，包含爱美、赞扬、被人尊敬等）、消极的乐（休息、舒畅等）四类。情绪本目的乱杂，以此分类为最。

（二）默西尔的分类

默西尔仿效生物学家的办法，分所有情绪为若干纲、亚纲、目、科、属、种。作成十七表，计六纲、二十三属、一百二十八种，都属于人类共同经验及主流语系民族中所常见的。

第一纲关于机体的保全，包含二亚纲（按主要刺激由环境引发或由机体自身引发而分），二目、九属。惧、怒、恶等都是。

第二纲关于种族的绵延，分首要（性爱）与次要（慈、孝等）二亚纲。

第三纲关于公共（家庭、地方、国家）幸福，已脱离原始及基本的范围了。分二目、若干属。爱国及道德情绪都是。

第四纲关于他人幸福（与第三纲界线欠分明）。同情、仁、爱、惋惜及其反面都是。

第五纲所包含的既非保全亦非破坏性的，越出个人或社会纯粹实利范围以外。分二目、五属，即赞扬、惊讶、爱美情绪，宗教情绪等。

第六纲关于抽象或知识的情绪，未分科目。信仰、怀疑等都是。

（三）纳赫·罗斯凯的分类

纳赫·罗斯凯按内容或品质将情绪分为低等与高等两类。

低等类指情感性情绪，高等类包含知识、道德、艺术及宗教四种情绪，以唤起某情绪的观念属于真、善、美等来判断。又按形式或经过分为期望与焦急、惊讶与怀疑、厌倦及爽快四类。这分类发源于赫尔巴特心理学，盛行于德国。

上述三式都是直列分类（即按主要及隶属性质，分为若干纲、目、科、属），但情绪不适合按直列分类。真正直列分类需要下述条件：（1）界线分明；（2）同一事物不能属于二或两个以上纲目之下；（3）详尽。情绪的界说模糊，各个情绪尚无一定定义，是对第一条难行。复杂情绪乃二、三单纯情绪演成，既不能统归一类，也不能分归数类，是对第二条无望。每种情绪（单纯的或复杂的）因个人、种族、时代及文化的差异，可容无数变化，是对第三条为不可能。

（四）麦独孤的分类

麦独孤舍弃直列而以发生程序为分类标准。分单纯（又称为原始或基本）与复杂（又称为演成）两大类。单纯情绪有七类，即恐惧、厌恶、好奇、愤怒、自卑、自尊、慈爱。（按儒教和释教都说人有七情。儒教的七情是喜、怒、哀、惧、爱、恶、欲。释教的七情是喜、怒、忧、惧、爱、憎、欲。内容虽不尽同，数目则同，也是一件趣事。）其他一切情绪都是这七种混合而成，名为复杂情绪，最复杂的叫作情操。例如赞扬是好奇和自卑情绪的混合；惊愕是恐惧和赞扬情绪的混合；感激是慈爱和自卑情绪的混合；虔敬是惊愕和感激情绪的混合。很复杂，包含好奇、恐惧、慈爱、两重自卑，所以常被称为情操。轻视包含厌恶和自尊；侮慢包含愤怒和轻视；怨恨包含愤怒和自卑；痛恨包含愤怒、恐惧和厌恶；嫉妒、报复、愤慨三种都含有愤怒和自尊。不过配合的分量不同，所牵涉的活动也不同罢了。害羞和羞耻都是自尊和自卑冲突的结果；快乐乃各种情绪或情操调和的意思；悲哀包含慈爱和愤怒——父母对于方死的爱子捶胸顿足，怒不可遏；怜悯包含慈爱和由同情引起的痛苦；懊悔包含羞耻、厌恶、愤怒、忧愁、自尊等，也可称为情操。士气包含愤怒、厌恶和恐惧；恋爱、仁爱或对神的爱包含慈爱、好奇、恐惧（患得患失）、自尊、自卑等，是一切情绪中最复杂的。麦氏的这个系统不仅是情绪的分类，也是情绪的分析。

（五）按活动程度分类

有以活动的程度做标准，将情绪分为兴奋和消沉两类的。有些情绪自始至终都是兴奋，例如喜乐和愤怒。这两种情绪，尤其是愤怒，能引起强有力的活动。有些情绪开始兴奋，继而变为极端消沉,例如悲哀。当慈母乍丧其爱子时,哀恸若狂。搓手、毁发、撕衣、绕室乱跑——十分兴奋。继而深觉无可奈何,渐由失望而静坐,由静坐而平卧,循环则变迟缓,肌肉脱力,两眼暗淡,呼吸带呼叹——十分消沉。有些情绪开始消沉,继而变为极端兴奋,例如慈爱。当慈母怜爱其婴儿时,除抚摸、微笑、凝视外,并无其他动作表示。这时如有人故意伤害其儿,情形更立刻改变了。她会跳起示威,两眼发光,面红、胸挺、鼻孔伸张、心头乱跳,做积极抵抗。在习惯上只有愤怒总能引起上述诸表现,纯粹慈爱则不能。恋爱比慈爱兴奋。当爱人初相遇时,面红、心跳、呼吸急促。又有自始至终都是消沉的,例如恐惧。恐惧实在是一切情绪中表现最不突出的,除束手、闭眼、战栗、退缩、平卧外,毫无举动。唯极端恐惧又不然。人遇生命危险时,往往引起惊人的兴奋。大火在楼下燃烧,最胆怯的人也能从几层楼上跳下。猛虎在背后追逐,虽跛着也能越过几丈宽的溪河。怨恨、猜疑、嫉妒,都是强有力的情绪,但因较能持久,且因无须(或境遇不许可)立刻引起活动,所以也没有外在的动作表示。非到破裂成怒,衅不轻开。画家对于这等情绪,除利用附带物(即所谓烘托)外,无法描写。

情绪名称

　　情绪的界说不仅模糊，名称也不够用。有假借口味名称来形容的，例如酸心、甜心、辣心、苦心、苦愁、辛酸、蜜月、吃醋之类。这并非情绪经验类似口味经验，不过用这种假借容易使人理解罢了。各国文字都有这种假借。

第三章

情绪生理

脏腑说

情绪在身体上各有其发动的机关吗？柏拉图说勇生于胸，肉欲生于腹。中世纪欧洲名医学校（School of Salerno）说怒生于胆，乐生于脾，爱生于肝。国医谓怒伤肝，喜伤心，忧伤肺，恐伤肾，也就是说这些情绪各自都与某一脏腑有关。他们都认为脏腑是情绪的机关。一种脏腑主管一种情绪，与脑神经无关，这叫作"脏腑说"，又称为"机体说"，盛行于十八世纪。

世人常说，脑是理智的中心，心是情感的中心。我国以"心绪""心情""心肠"做情绪的别名。凡关于情绪的语言大半不离"心"字，如心喜、心恶、忧心、慈心等；或在字典上属"心部"，例如"怒""恶""惧""爱"（"爱"字繁体写法为"愛"，有心）"等。甚至称知交为"心腹"，爱人为"心肝"。Mind与Heart的汉译原无区分。"心"长久以来都是"脑"的代名词，视为人生一切活动的主宰。但心脏不过是一块无意识的肌肉，何故被世人这般推崇，认为是情绪的中心机关？这无数人的观察和信仰可否一概抹杀？

心是生长或机体生活的中心，脑是心理或动物生活（指有感觉、知觉、能随意运动）的中心，二者不断发生关系。假使由心到脑的血流停止，则脑的一切机能也暂时停止，其结果是晕迷。假使由脑到心的血流因情绪影响而起变化，则首先察觉变化的是心，因心是掌管生长的各个器官中最能感应者，虽极细微的变化也足以影响它。这便是世人以心为情绪之中心及发动机的来由。就是"心乱""心碎""冷心""热心"等语，也不尽是借喻。心乱指心头乱跳，几乎是每个人的经验。一个突如其来的刺激（心理打击）可阻止心的活动，损伤其机体；昏迷及神经病有时就是由此发生的。冷心者的脉跳缓和，与受寒时无异，热心者恰恰相反。

十八世纪以后，人们渐渐不再相信心脏、肝脏，或其他内部器官能做任何情绪的唯一机关。情绪固然生于脏腑，但情绪的感觉则属于脑。情绪无一定中心，就是在脑内也没有划定的区域。一种情绪的发生需有神经、液腺和肌肉三种活动。

交感神经与情绪

和情绪最有关系的神经是交感神经,又称为自动神经。这神经由三组神经节(许多神经细胞和团结叫作神经节)组织而成。其中心乃在脊柱的两侧,末端则分布于脏腑和血管上。第一组和脊髓上段及中脑连接,叫作脑盖组,含大神经节四,小神经节很多。第二组在胸腹腔内,和脊髓中段连接,叫作胸腹组,其神经节排成两行,与脊髓平行。第三组和脊髓下段连接,叫作尾闾组。交感神经既直接和延髓相连,所以也间接受大脑中枢的影响。脑神经和脏腑的感应,都由它联通,"交感"的名字便是这样得来的。也有专称胸腹组织为交感神经者,容易引起其余两组不交感的误会。脑受特殊刺激,脏腑受其影响;脏腑受特殊刺激,脑受其影响。人有因呕吐而发脑膜炎,因忧虑而不想饮食的,便是其例证。脑盖组和尾闾组的作用常与胸腹组相反。这相反作用所产生之器官及液腺的活动不同,所以连带产生的情绪状态也不同。强烈而不愉快的情绪如恐惧、愤怒等,都和胸腹组有关。平和快乐的身体状态(例如消化及性觉)是随脑盖组及一部尾闾组活动而起。大多数脏腑和液腺都有两组相反的交感神经,所以都能起两种相反作用。

譬如胃部受脑盖组或尾间组的神经冲动时，胃的分泌和消化作用都会增加，受胸腹组的冲动时则减少。如胸腹组和脑盖组的冲动在某情绪内相遇，则前者会对后者起牵制的作用。恐惧时口渴，愤怒时不消化，都是常有的现象。所以为了身体健康，最好不发怒。假如非怒不可，也应当在饭前发作，免妨碍消化。如胸腹组和尾间组的冲动相遇，也是前者对后者起牵制作用。怒时不思淫欲，即其例证。胸腹组的冲动可说是三组中最强烈的。

脑盖组的功用在于调理消化分泌（唾液、胃液、胆液等）的流行；减缓心的跳动，给心的肌肉较长的休息和恢复时间，收缩瞳孔，借以减少强光在视网膜上的不良影响。

胸腹组的功用最繁杂：加强心跳和呼吸，增高血压，扩大瞳孔，刺激肾上腺和汗腺，管理肝的活动，阻拦消化，使细胞组织燃烧更快，使毛发竖立等。

尾间组的功用是管理性欲等情绪和机能，使直肠、结肠及膀胱收缩，以便排泄。

人在发生情绪时液腺会受到很大影响：忧时流泪，愧时流汗，惧时唾液停流，这还是其中较显著的。至于体内各腺所受的影响更为强烈。

甲状腺与情绪

最受影响的是甲状腺。它是一种黄红色的器官，分两瓣，在气管附近，紧贴于喉头下。它的形状像盾又像"甲"字，所以叫"甲状腺"。这腺不只关系情绪，且影响代谢、神经、性欲诸机能。女性的甲状腺特别发达，影响更大。从前的人以为女性一切特性都生于其生殖器官，现在知道还依靠体内各种分泌，尤其是甲状腺的分泌。凡在这腺上有缺陷的，其性器官必不发达，性欲冲动不强，无感情。医家用这腺制成的药品，能完全改变这种人的性格。某女孩生性迟钝、懒惰、多愁，时常疲乏，不能专心，自从服了这药一百七十五粒以后，忽变为活泼、快乐，两眼放光，对工作感觉兴趣，不再时刻想睡觉了。所以甲状腺又称为"情绪腺"。

女性甲状腺必须预先大肆活动，然后一切性欲活动才发生。性器官受了扰乱，这腺便发肿，十二三岁女性及孕妇的颈部较平时肥胖，就是这个缘故。欧洲古代有测量新妇的颈项以验贞操的风俗——不肿者贞。法国南部到现在还保存这种风俗。著名解剖学家美克尔称甲状腺为第二子宫，不无理由。新婚男性也有类似的肿胀，但不明显。关于这腺的各种病症（喉肿等），都是女性患者比男性多。

在个别情形下，甲状腺可随情绪消长。当情绪大发作时，这腺可立刻涨大，到旁人能看见为止。

肾上腺与情绪

其次和情绪有关系的腺为肾上腺及脉管状腺。肾上腺有二，分别位于每个肾之上。其大小轻重不等，平时都是左大于右，女大于男。内脏分泌约重十克，叫作肾上液。这液传到血管，则使血管筋收缩，血压增高；传到肺，则使呼吸加快；传到周身，则使周身的细胞组织焚烧更快。总之，这液能大大增进人的体力，对于斗殴最有利，而将这液传到各处的是胸腹组的神经冲动。

怒时肾上腺起的变化更大。平时这腺分泌迟缓，被血吸去；怒时极快，使心的活动急而有力，并迫使大静脉的血回流到心内，循环因此加快。此外并使肝脏输送大宗易烧的糖质进入血内，带到肌肉则化为力量，使人历久而不疲劳。国医以怒为肝火上升，这火或许指的就是今日所说的分泌。

肾上液还会影响因情绪而生的尿中糖质。据加农等人的实验，猫被束缚时，尿带糖质，实验前及实验后一日则无。哈佛大学足球队及刚刚经历大考的学生的尿中也发现了同样物质。注射肾上液产生这种物质，割去肾上腺则不产生，足见这腺和这质的关系了。

脉管状腺与情绪

脉管状腺在脑神经下端，鼻根后不远的地方。它是一个黄色椭圆形器官。其大若豆，分前后二腺。从前的人以为它的作用只在分泌鼻液，现在才知道它的分泌能支配神经系统和骨骼的生长。据最近研究，二腺的分泌不同，其影响各异——前腺助成男性人格，后腺则助成女性人格。

其他各腺与情绪

我国旧法庭有令被告吃干米粉的办法，能咽的人无罪，不能的必是心虚、理屈、气馁，以致影响其唾液。情绪和分泌的关系，前人早已经知道。

悲忧可使老年女性流乳。《南史》载："宋修之被围既久，母常悲忧，忽一日乳汁惊出。"

情绪影响呼吸

吸气与呼气时间的比例（除去吸气以前的安静时间）通常约为1∶4。但当发作强烈情绪时，可变为1∶2；在特殊情形下，甚至变为1∶1。因受突然刺激而起的恐惧，可较大影响这一比例。应用心理学家则利用这种改变侦察受审者是否讲真话。犯罪人如遇到与泄露罪情有关的问话，内心害怕起来，便拿谎言来搪塞，但在呼吸时间比例上则生出变化。这变化不能随意控制，可用量呼吸器（pneumograph）测验出来。

情绪影响身体抵抗电流的能力

身体能抵抗电流,为久经承认的事实。其抵抗力相当大,几乎全在皮肤上。唯有当接受足以引起情绪的刺激(例如突然的响声、打击等)时,皮肤抵抗电流的能力才会大为减退。所以情绪又可拿这种力量的改变鉴定。

情绪影响代谢作用

情绪又可以新陈代谢的作用作为判断依据,即以身体消耗的精力多寡为标准。当人从事劳心工作时,真正消耗的精力非常有限。唯当情绪发作时,代谢速度要增高许多。我们可凭消耗的氧气多寡去量这速度,也就间接测量了情绪。

情绪影响循环

实验表明,任何心理活动都足以增加身体循环,情绪的活动更甚。伦巴德则认为情绪的活动还可加增周身温度，比由理智的活动所加增的快而且强。墨索能用各种方法研究循环的最细小改变。他说情绪的活动在大脑循环上的影响胜过理智的活动。国医以脉跳情状诊断一切病症。其假定自然是：任何身体扰乱都会使循环产生特殊变化。证于一切心理活动都是会影响循环的学说，这假定不是毫无理由的。

情绪的体内扰动之原因

情绪的体内扰动因何而起？达尔文说起于人类无数年代的遗传及联合作用。原始人突遇仇敌或危险，不是飞奔就是战斗，两种都是很费力气的事，以致心跳加快，呼吸急促，胸膛扩大。若用力过度，则大丧气，而色变白，发汗，全身肌肉战栗或完全弛缓。今人经验大恐惧，虽不必费任何气力，但前人会费气力的结果则有再现的趋势。

肌肉与情绪

情绪和肌肉活动有密切的关系。情绪发达到了极致，没有不做激昂身体运动的。激昂力量乃由脏腑（尤指肺）、循环、消化诸器官得来。人当经验强烈情绪时，脏腑作用都起变化：（1）消化停顿，移其力于运动。人类平日精力的三分之二都用在消化上，今用在了运动上，也就无怪乎其激昂了。（2）腹内诸器官延迟活动，移其血于肺、心、中央神经系，即维持肌肉用力必不可少的三大器官。心的收缩力加强。（3）肌肉疲劳的不良结果立刻消除。（4）调集血液中负责产生力量的糖质。这四类脏腑变化都直接使全身充满力量，以便做恐惧、愤怒、疼痛时的各种肌肉活动。

不相同的情绪往往有相同的脏腑状态。其不同的感觉乃起于脏腑以外的器官，尤指附于骨骼的肌肉。惧与喜可产生同样心跳，但惧发作时，附于骨骼的肌肉紧张；喜发作时，则弛缓。其不同的感觉便是由这里来的。

苦乐生理

不快乐的情感使人消沉,减少人的活动。被非常悲恸的事所侵袭者有时将身体缩成一团,若干小时不能移动。另一方面,快乐的人会手舞足蹈,大声叫喊,或将帽子抛向空中。儿童表现这些活动比成人更显著,成人多少会有所压抑,但活动的倾向仍旧存在。

《内经》论情绪生理

情绪和脏腑的关系,在中国早已有人注意到。《内经》上说:"人有五脏,化五气以生喜、怒、悲、忧惧。"又说:"精气并于心则喜,并于肺则悲,并于肝则忧,并于脾则畏,并于肾则恐。"所谓精气大概是指内分泌作用。所说虽不尽合现代科学实验的结果,但能提出这种假定,知道关注这方面,已属难能可贵。

嵇康论情绪之生理的影响

嵇康是三国时代的人。他著了一篇《养生论》,其中有记述情绪之生理影响的句子:"夫服药求汗,或有不获,而愧情一集,涣然流离。终朝未餐,则嚣然思食,而曾子衔哀,七日不饥。夜分而坐,则低迷思寝,内怀殷忧,则达旦不瞑。"他写出了情绪和外分泌、饮食及睡眠的关系。

第四章

情绪表现

迪谢纳的实验

　　情绪不论强弱，不发生便罢，发生则全身都受它的影响。其外在表现不外肌肉的活动，包含眼、口、颜面、四肢、躯干的活动，声音的改变等。至于某表现代表某情绪，则议论纷纭，莫衷一是。也有人说这是完全不能划分的。到十九世纪中叶的时候，法人迪谢纳才用实验方法去研究这个问题。被试者是一位丧失面部感觉的老人。迪氏用电气使其面部各部肌肉单独收缩，每一收缩都有一种特别表现。他说一个肌肉的收缩，已够表示一种情绪。情绪各有其特殊固定形态，生于局部颜面的改变。例如额头为注意筋，嘴唇上端为思想筋，眉宇间角锥形筋表示威吓，大颧骨表示笑，小颧骨表示哭，嘴唇三角形筋表示轻视。这种试验方法虽欠自然，结论虽然概括，然而比较以前的研究，已经大大进步了。

达尔文的实验

达尔文的《人类与动物之情绪表现》(Expression of the Emotions in Man and Animals)一书，是关于本问题的划时代著作。达氏曾在成年、婴儿、疯人、动物以及各种族人身上做了许多观察和试验，并研究了一些名家画像上的表情。他首先提出并解答本研究的唯一基本问题："为什么某情绪只与某某动作而不与其他动作同时发生？"

达氏表情原则

达氏研究完毕，得到三个原则，最著名的是"有用习惯"原则。他说一种心情莫不连带若干复杂动作。这些动作为解放或满足某某感觉或欲望，曾经直接地或间接地有过作用。以后无论何时同样心情发作，其连带的动作纵或无用，也能借助习惯的势力再起。大部分难解释的表情动作便是这样产生的。爱悦时的亲近动作，愤怒时的侵犯动作，骄傲时的趾高气扬动作，都是实现其情绪必不可少的动作。至于怀疑时的眉毛收缩，忧愁时的眼泪，愤怒时的牙齿暴露，却有点儿难解决；但据达氏第一原则，这都是曾经有用、习惯既久、幸而存在的动作。疑时眉毛收缩，便于闭眼深思。愁时流泪则有两种效用：（1）使人注意，借以引起其同情与帮助。假若流唾，则不易为人注意，因为唾液是人类口中时刻存在的东西。（2）使视觉模糊，将眼前的惨象遮蔽。怒时牙齿暴露，曾经用以咬人，到现在人还不能完全免除这种用法。

原来和心情连带的动作，未必每次都能发现，有时是被意志压住了。那些最不受意志控制的肌肉，依然最能活动。一部分表情动作便是这种活动。因为不是原有的整个活动，所以人难明了它的意义。

有时为压住一种连带动作，须依靠其他细微动作的帮助，一部分细微表情动作便是这样来的。因为不和原有心情连带，所以很难解释。

达氏第二原则叫作"相反活动"原则。他说一种心情无不带有若干曾经有用、成为习惯的活动，这是第一原则。假若一种相反心情发作，就不知不觉又倾向于相反的活动。凡和表现某情绪矛盾或从无裨益的动作都属于这一类。例如耸动肩膀应是担负责任的表现，实际上人们多用它来表示毫无办法。这个原则纯是假设的，证据不多，而且经过杜蒙特的一一驳诘，在这里只好从略了。

达氏第三原则叫作"神经直接活动"原则。当感觉机关（包含感官、感觉神经，感觉中枢）受强烈刺激时，结果不外两种：（1）产生过多的神经流，按照神经细胞联络方向放射；（2）阻断固有的神经流。不论哪一种都足以引起肌肉的反应。一部分表情动作便是这种反应。这一类动作不受意志影响，也和习惯无关，只是神经的直接作用罢了。因为喜乐而舞，因为恐惧而战栗，因为羞愧而面红耳赤，因为愤怒而起毛发耸立，以及狗尾马耳的摆动，都是这种作用的明显例证。

舞蹈对于喜乐毫无所用，可以说是缺乏意义的举动。当感觉器官受强烈喜乐刺激的时候，神经汜流周身，没有时间疏导。四肢最容易运动，于是便大动起来。

肌肉使用过度通常都会导致疲劳，但有时也是一种解放。痛哭以后觉得舒畅，便是一例。哀恸时捏手、捶胸、顿足、毁发、裂衣、乱跑等动作，可拿"神经汜流说"，也可拿"求肌肉解放"原理去解释。后者巧在出于无心。

战栗对于恐惧非但无益，常有大害，所以不能说当初是由意志习得、由习惯养成的。幼儿不会战栗，成人严重战栗时只会抽筋。使人战栗的原因很多：受寒、热病发作以前、毒入血、酒颠、老年的普通衰弱、疲劳过度、火伤等都是。恐惧是一切情绪中最容易引起战栗的，例如临深渊、履薄冰时。其次是大怒，常见人气到浑身乱抖。其次是大喜，例如初次和爱人接吻时。有人听音乐觉出背后有一种不可思议的颤动。这些原因的性质大不相同，怎样能引起同一反应——战栗——呢？达尔文说这些原因虽不相同，感觉器官受到强烈刺激则是一样。战栗不过是感觉神经直接活动的一种。

面红耳赤是颜面内毛细血管充满的表现，也是感觉神经直接活动的一种。感觉神经能直接影响血管运动，管理小动脉的伸缩。面内血充便是起于小动脉肌肉层的宽松。

因大怒或突然遇见可怕的事物而毛发耸立，似乎也属于上述情况。这种表现在动物和疯人身上最明显。精神病学家以耸立程度诊断病症的轻重。程度高的大都不可救药，程度平常的在病好以后，毛发的形状也随着恢复。据实验，耸立起于顶上肌肉的收缩，发于头前和发于头后的方向恰相反。从前读《史记》到樊哙"头发上指，目皆尽裂"二句，不免有点儿疑惑。现在根据专家的记载，才相信是可能的。就是"怒发冲冠"一句话，也可当作实写。"冠"是古人卷持头发的东西，不是指现在的帽子，所以被冲动也是可能的事。

头发因大惧或大忧而失去颜色，是不经意志直接活动的又一强有力例证，虽然是变态而罕见的。据确实记载，印度某囚犯被押到法场时，旁观者竟得见他的头发改变颜色，其改变可谓快了。普玄曾搜得这一类的趣事若干，在《双世界杂志》（*Revue des Deux Mondes*）一八七二年一月日刊中有他的报告。由此看来，伍员在昭关发愁一夜，把黑胡须变成白的，也是十分可能的事。

冯特表情原则

德国心理学家冯特对本问题也得出三个原则。其中一个和达氏第三原则相同，这里不再论述。其次还有"类似感觉"原则。他说假若某情绪状态和某感觉状态类似，则表情绪的动作也和表感觉的动作相仿。例如喜乐类似甜，因此喜乐和甜的面部表情很相同。悲哀类似苦，所以悲哀和苦的面部表情也相差不远。"甜""酸""苦""辛""本"都是感觉的名称，因为它们的表现很像某某情绪，所以也当移作情绪的形容词。当人迷惑时为什么搔首、咳嗽、摩擦两眼？根据上述原则，必是迷惑状态类似头、喉、眼三处的痒觉，或其他不舒服的感觉。

最后还有"表演想象"原则。以表情动作来帮助形容想象的事物。例如举手表示大，低手表示小，向前移动表示未来，向后退表示过往。发怒者虽旁无一人，也摩拳擦掌作攻击状态。不赞成他人的意见则两眼下垂或左右看，好像避见厌恶的东西一样。赞成则头向前斜倾，作深思状态。拒绝则摇头，恰像儿童和动物拒绝嘴前恶劣的食物一样。表示轻视、鄙弃、憎恶，则作呕吐表情。有人拿"欲作三日呕"形容憎恶，是非常形象的。

外部表现是语言的一种

外部表现，尤其是面部表现，是语言的一种，有时比语言更能传递情意。婴儿不能说话，常以哭啼表示各种困苦或需要。有经验的母亲能凭哭声的高低缓急辨别哭的原因。男女孩哭啼的次数大约相等，一到成年，女则比男多几倍。男性以起誓代替了哭啼。男性起誓的次数远远多于女性。

在成人交际里，用言语传送情意有时显得太直接，太明朗，太唐突或难以启齿。这里最好用表情动作来代替。述怀何必三寸之舌？叙情何必七寸之管？手之一触，身之一转，眼波一横，眉峰一聚，都是导隐衷、诉幽情的绝妙语言。甚至走路的模样也可将心事传递。可惜一般人欠缺了解的能力。主人分明一味敷衍，客人反认为殷勤招待，流连不去，直到逐客令下才明白怎么回事。他人怒形于色，屡嗤以鼻，彼则认为待我很好，于是要求这要求那，直至遭到严词拒绝方才醒悟。这种人只适于家庭生活，与极熟悉的人往来，不宜在社会生活，与陌生人周旋。疾首蹙额、垂头丧气的人，虽勉强欢笑，应知其有忧；眉飞色舞、笑逐颜开的人，虽口说无聊，应知其有喜事。如何表情，如何认识表情，都应当从小教起。

眼与嘴的表情孰多

面部表情中，人们多以眼睛的表情为重，其实嘴胜过它。许多情绪表现——喜、怒、忧、惧、轻视、讥讽、怨恨……都含有显著嘴部肌肉的反应。

哭

哭于人类身体有益还是有害？婴儿偶然小啼丝毫不伤害其身体。成人平时哭啼不但毫无益处，还会扰乱许多重要的生理作用，尤其是呼吸。哭时呼吸没有规则，浅而急促。因此长叹可以弥补这种呼吸。哭时心跳也漫无规则。许多人大哭以后不能吃也不能睡。只有遭遇可怕忧虑时，哭才可能有益。这时的脑质不按规矩工作，可能会受到严重损伤，甚至永久不能恢复。患者既不思食又不能成眠。这里若有方法使他哭啼，他可得到解放，甚至能睡觉。英国诗人丁尼生在一首诗里记述一件史事，可做本节例证：一位战士打仗死了，有人将他的尸身带到他的妻子面前。妻子一见呆了，不能哭。丁说："她必须哭，否则她会死去。"但没有方法使她哭，后来幸亏有一位聪明奶娘，将她的小孩带到她的面前。最后她哭了，并说"我的甜蜜小孩，我为他活着"，这种情节实在不多见。

哭啼是很平常的表现，但无端而哭或过度哭啼，则为变态。不管有无原因，号啕不止，日夜以眼泪洗面，总是坏习惯，于事无补，徒伤身心。贾谊爱哭，流涕一年多，结果真哭死了。唐人唐卫读人文章必哭，喝了酒必大哭。阮籍出游，每次遇到无路可走，常恸哭而返。这都不是正常的行为。

笑

笑是人类独有的表情，没有一种动物能笑。假若你家里的狗或猫忽然间向你笑起来，你会吓昏。只有《爱丽丝漫游奇境记》里的"鄞县猫"会笑，这正代表该小说作者幻想力强。

"笑使人发胖"，这是一句西方谚语，暗示笑是对人有益的，虽然发胖不必是有益的最好证据。我们从笑里真正可得到一些好处。笑是快乐的表现，快乐常使我们健康。英国哲学家斯宾塞很早说过："生命的潮汐因快乐而升，因苦痛而降。"这种说法现在已有了生理的根据。快乐使心跳加强，呼吸加深。吃饭的时候如有好的同伴，说说笑笑，觉得高兴，便有充分消化液流入胃囊。这液经过化验，包含大量酵素，可帮助食物消化。人不快乐时，消化作用不如平时，甚至胃囊不能容纳食物，要呕吐出来；即使能容纳，也不易消化。大忧时，甚至流质的食物都不能吞咽。

笑本身也有一种价值，它给我们最重要的肌肉——呼吸肌肉——一种练习。这种额外深呼吸不仅练习胸部肌肉，而且间接练习心脏，使更多的氧气传到血肉。血内氧气既比平时丰富，流到周身也就比平时快些。这于身体有莫大益处。可惜一般人太不爱笑，对同事常板起面孔。

他们只求使人畏惧，不管自己身体所受的损伤。

笑是很平凡的表情，一日可发生数十次，但也有人终年乃至终身难得一笑。明人何士晋和人谈话，从来没有笑过。褒姒不爱笑，幽王想尽各种方法逗她笑都失败了。最后不惜举烽火，失信诸侯，宁可国破身亡，也要买她一笑。可知要使她笑是多么困难。包拯也是一位不爱笑的人。人家拿黄河水清比喻他的笑之难。后魏元长一生不笑。这些都不是常态。有人说面部肌肉不灵活的人不爱笑，因为他们不能笑，笑会引起肌肉痛，好像抽筋。精神病学家以容易被人逗笑与否，测验其人心理健康的程度，易笑者更为健康。

无端地笑或过分爱笑，也是一种疾病。晋人陆云便是一位患笑疾者。他常大笑不能自已。一天穿着孝服上船，在水中看见自己的影子，竟大笑落水。

第五章

情绪学说

古今各种情绪学说

关于情绪的学说很多：远的有阿里斯提波、伊壁鸠鲁、芝诺、柏拉图（四人都是古希腊哲学家），近的有笛卡儿（下称笛氏）、斯宾诺莎（斯氏）、克莱尔（克氏）、詹姆斯（詹氏）、兰格（兰氏），最近有康龙（康氏）、格瑞（格氏）等人的理论。

古代哲学家的学说

希腊哲学家脱不了性善性恶的成见。他们不是主张快乐说，便是提倡克己论。不是教人尽量满足各人的情绪，便是令人百般压迫它们。这都没有脱离哲学和伦理学的范围。暂且不去讨论它。

中世纪哲学家又囿于"身心平行""身心交感"及"心理的特性可绝对划分"诸学说，没有把情绪当作一个正题研究，只将他作为证实或驳斥其他学说的工具。到笛、斯二氏才对情绪本身稍有叙述和分类。

笛卡儿的学说

笛氏说情绪不属于理性，也不属于纯粹物质。它们不过是若干服役于意志的工具。意志薄弱时，情绪就帮助身体活动（这句话最为现代心理学家所重视）。又说原始情绪共有六种，就是喜、忧、爱、恨、好奇、愿望。好奇是对非常事物而发出的注意，是一切情绪中最不问利害的。它属于纯粹理智的活动。哲学便是靠它发端。好奇既和其余情绪不同，所以一切情绪又可分为好奇和愿望两大类。爱和恨是两种愿望。爱是积极的愿望，恨是消极的愿望。它们的目的都在求生命的保全和生活的改进，积极的求获得，消极的求免除，并不是相反的活动。改进成功觉喜，失败觉忧。以上是笛氏情绪论的大略。虽然抽象、简略，但在当时已属于难得了。

斯宾诺莎的学说

斯氏有更详细的情绪论。他说情绪是身心的联合状态。情绪的本原在身,其观念则在心,原始情绪有三种,即喜、忧、愿望。三者不是严格平等的。它们的关系不过是本质性和个别性(不同于本质的特性)的关系。愿望是活动的倾向,直接为保存自身而发生。喜和忧都是这种基本活动(保存自身)的属性。生活力量提升觉喜,减少觉忧。

斯氏以"观念"或意识状态做标准,分情绪为自动的和被动的两类。被动情绪有无数的属类,但都是可以根据附随的观念加以分辨的。外物、内因或某种自身所需的事物,都可做被动情绪的附随观念。以外物附随在喜上就是爱,在忧上就是恨。同情和反抗则是因潜在的原因而生出的喜和忧。一人对甲物向无成见,对乙物素来厌恶,那么当把甲物和乙物联系在一起,此人对甲乙二物同样厌弃。或对某甲很冷淡,对某乙很钟爱,如果此时将甲乙联系在一起,此人则会爱屋及乌,也会喜爱甲。这叫作由联想而生的情绪转移。类似的观念产生类似的情绪。他人悲哀,我起怜悯,无论目前的苦痛属于自己还是属于他人,两人所起的观念则大致相同,所以能起悲哀和怜悯两种大致相同的情绪。怜悯的反而是嫉妒，起于欲胜过他人的观念。儿童也有这种倾向。欲使儿童索要某物，最好先假装给另一儿童，或自己要取这东西。嫉妒也有它的范围。农夫只妒忌同业的收获，不嫉妒政治家的名望。凡他人得到而与己无害的事物，人类是不会嫉妒的。

斯氏说情绪又可分为稳定和动摇两类。以上所说的都属于第一类。如人们对同一对象又爱又恨，便是动摇的情绪，又称为混合情绪。嫉妒可做这一类情绪的代表。希望和恐惧也是混合状态。减去疑惑，这两种情绪将变成疏忽或绝望。

斯氏最爱用联合及再生观念解释情绪。人的嗜好和厌倦都因这两种观念而生。喜乐附以旧日的良好观念就产生嗜好，忧愁附以不良观念则生出厌倦。快乐时住过的地方或微不足道，但偶然想到，快乐也随着发生。思念某人的恶行，起恐怖情绪；思念善行，起尊敬情绪。

以内因做附随观念的情绪有自爱、谦虚、懊悔、骄傲、羞耻等。自爱是人类对自己的信仰，谦虚是自爱的反面。懊悔不是道德，而是两重罪恶：以前的恶劣欲望，过后的悲哀。骄傲是愚蠢的自尊，是狂病的一种，起于自身价值的错误估计。羞耻是忧愁附以怕人责骂的观念。

贪念产生渴望、愤怒、报复、残忍等情绪。愿望附以阻挠的观念就成渴望，也是忧愁的一种：附以爱，成感激；附以恨，成愤怒和报仇。如恨只在于一方，而对方又无力抵抗，则生残忍。至于贪淫、贪财等也生于愿望，只能拿附随的外物加以分辨。

斯氏的名句如："只有情欲能压迫情欲""一人理性的发展，要靠众人的理性""觉知到自己的情欲，等于停止情欲""如果情绪的祸患远在将来，人将以想象而不以真实的祸患视之"等，都有很深的意思，耐人寻味。

斯氏说情绪是遏制天生活动的结果。我们的远祖稍受刺激便生活动。从前的人活动多，遏制或情绪少。斯氏以情绪为遏制的别名。文明人最善于自制。他们所受的刺激比从前的人多，但身体方面的活动反而减少，因为被自己设立的风俗礼教束缚住了。若刺激是有力量的，又不产生相应的活动，就会产生情绪。例如，愤怒为进化的殴打，恐惧为进化的逃跑，恋爱为进化的性交，人类应当更了解情绪的真义和几种心理疾病的来源。殴打、逃跑等都是人类经验中强有力的活动。今人遇见仇敌，或许不会饱以老拳，但身体常会做此倾向——牙齿紧切，拳头紧握，体势变刚硬。遇见危险，即便不逃跑，也会做逃跑的姿势。如发生活动，则由甲状腺、肾上腺等处供给的分泌激素（为身体运动用的分泌激素）将被用完。如不发生活动，大量这些分泌产物将成废物，经由排泄器官排出体外。这便解释了为什么人当经历强烈情绪时要汗流浃背。积极运动肌肉（如体操、习武之类）也是消耗活动分泌产物的一个途径，应有消灭情绪的功能；但实际上人在情绪发作时，往往无意做这运动。发怒的人一心想打，惧怕的人一心想跑，性欲冲动的人一心想得到手，都无暇顾念其一切恶劣影响。

詹兰学说

从前的人都以智的状态——知觉或观念（例如听见恶劣消息、看见鬼怪、身体受伤等）为情绪的起点，其次为情绪本身，最后为机体状态及由情绪产生的动作。据此，情绪不过是一个假定，假定它是一抽象，介乎知觉（或观念）及生理之间，詹氏认为这种假说不能解释一切事实。他违反一般人承认的次序说，认为首先有知觉，其次有机体及运动的扰乱，最后才有扰乱的感觉。这感觉便是人类的所谓情绪。换句话说，身体的变迁可直接随刺激的知觉而起，情绪正是这变迁的感觉。一般人常说，因为悲哀所以啼哭，因为愤怒所以殴打，因为畏惧所以战栗；詹氏则反其次序说，因为哭啼所以悲哀，因为殴打所以愤怒，因为战栗所以畏惧。当畏惧的时候，试着压迫心的乱跳、呼吸的急促、肌肉的开展、四肢的战栗以及脏腑的特殊状态，看畏惧是否还存在。当愤怒的时候，试着免去胸膛的鼓胀、颜面的血盈、鼻孔的扩张、牙齿的紧闭、声音的不连贯，以及各种冲动的倾向，看还能感觉愤怒与否。当忧愁的时候，试着停止眼泪、叹息、呜咽、气塞、痛苦，看所剩是一种什么状态。都不过是纯粹的状态——暗淡、无色、冷静的状态，脱离肉体的情绪永远不能存在。

无论在常态或变态生活中，情绪往往不由任何观念产生。快乐可不由好消息而由饮酒产生，勇气可由酒精产生，饮酒以壮胆，大麻使人高兴，吐根（南美热带植物，其根可做呕吐药）使人丧气，灌水浴使人安静。古有"合欢蠲忿，萱草忘忧"的话，想必也是实录。疯人往往"无故"（指不经过知觉或想象）而怒、忧，大起烦恼，其真正原因是在身体内部。

詹氏的假定虽然很有道理，但终究难以用实验证实。理想的被试者须内外感觉全失，唯有运动能力存在，然后觉察这人是否仍能体验情绪。如能,则其学说不攻自破。可惜事实上是没有这样理想的被试的。詹氏只能找出接近理想状态的三人。三人都是寡情的,但情绪的生活不完全缺乏。其中一人曾发生非常明显的惊讶、畏惧及愤怒反应。

自从詹氏学说发表后,有某医师报告他经手的病人中,有两人曾经丧失其周身感觉。两人也同是寡情的,但仍有羞耻、忧愁、惊讶、畏惧、憎恶(怒的代替)等情绪。

那么情绪发生以前,"知觉直接影响身体"一说就没有方法证明吗?这又不然。诵诗,读英雄传记,听音乐,可立刻使全身战栗、心头乱跳、堕泪;听钢铁刮擦声,整个神经系统受震动;行人看见血就可以晕倒——这些都是知觉直接影响身体的证据。孟子记艺术的情绪说:"乐则生矣……不知足之蹈之,手之舞之。""不知"二字妙,不知是什么时候开始活动的。换句话说,如果是活动已有一会儿我才发觉,舞蹈发于快乐产生以后,哪有不知的道理。因此必是同时发生,所以同时注意到。近人陈蝶衣的歌词有"笑是愉快的前奏"一句,令人叹赏。

关于詹兰学说的驳辩

詹氏学说如果可靠，人们当能进一步试验：任意使某情绪的各种表现在被试身上发生，看能否在被试身上唤起该种情绪。但这个实验标准大多不适用。因为大多数表情背后的机体状态不能任意唤起。虽然，那些能够任意唤起的状态莫不证实前说。例如静坐作忧虑状态，不久悲哀可生。当悲哀时假作欢乐状态，或加入一个快乐团体，则悲哀逐渐消散。古人卧薪尝胆以记恨，剪发断爪以示悔，抱冰握火以复怨，无非添造一些机体状态，使情绪变得更强烈些。古人结婚为什么要用钟声箫管？为的是增加喜乐。居丧为什么要用丧服？为的是渲染哀伤的氛围。打仗为什么要用羽旄金鼓？为的是激发愤怒。

反对此学说的人说，世上有很多舞台及电影演员，表演时情绪的姿态完备，表演得逼真，但内心其实是没有情绪的。詹氏为此曾调研美国的许多演员，结果颇不一致：有用理智表演的，有用热情表演的，有人觉出所饰之人的情绪，也有无所觉的。大抵第一流演员多用热情表演。他们表演悲剧时会真正堕泪或觉得十分难过，这便是他们成功的秘诀。凡不用热情表演的，难感动人，难成名角。所谓热情表演，就是指做得像，所

needs的姿态齐全。有人试验几个被催眠的人,将他们的肢体安放如祈祷、发怒、威吓或亲爱时的状态,各种情绪也可发生。

打拳本是一种友谊比赛,但因此而动气的不知多少。朋友间开玩笑的动手动脚,最易引起真的殴斗。在神像前屈膝、低头、闭眼、合掌的人,虔敬的心油然而生。曾见有富家女仆在开追悼会时,代主母假哭迎客,久之亦涕零如雨。舞台情人一变而成终身伴侣者中外都有。只要某情绪的身体姿势完备,该情绪未有不同时发生的。

又有人说,情绪的表现有时不但不加浓情绪,反而会消灭它,例如痛哭消灭忧愁。詹氏解释说,这是因为没有分清正在表现的感觉和表现以后的感觉。正在表现时,情绪都是并存的;但当神经中枢疲劳时,平静自然相随。忧愁在痛哭以后被消灭,是因为精疲力尽的缘故。大抵表情愈热烈,其情绪愈不可持久。那些情绪若有若无之人,其情反缠绵不绝。因为前者一次将精力耗尽,非长时间不能恢复;后者善于节制,不待用完后援已到。先哲交友多主冷淡,无非想维持久远。

当詹氏在美国发表革命式的情绪论时,兰氏用另一种文字在丹麦发表几乎相同的学说。二氏学说异地同时发表不谋而合,学界传为佳话。后人称它为"詹兰学说",曾引起许多热烈讨论和辩驳，几乎是研究心理学者人人乐道的问题，它在心理学上的地位，好像相对论在物理学上的地位一样。

詹兰学说的主要贡献

詹兰二氏的最大功劳，在于揭示人类生理和情绪之间关系的重要性。二氏情绪论的主要论点有二：（1）情绪不过是内外一切机体状态的感觉。常人认为机体状态是情绪的结果，其实是它的原因。（2）两种情绪的不同，在于这机体状态之质与量的不同，以及其连合方式的不同。情绪是这些不同组织的主观表示。

上述的机体状态可分两类：（1）肌肉兴奋的改变。面对恐惧或忧愁情景，兴奋减少，面对快乐、愤怒或急躁情景则兴奋增加。（2）血脉伸缩的改变。遇恐惧或悲哀时，血脉收缩；快乐或愤怒时则伸张。这一类的改变比较重要，因为血脉最细微的改变，都可以对脑神经和脊髓产生深远影响。兰氏侧重这一方面的变化。

二氏学说也不是纯粹自己想出来的。兰氏亲认斯氏，马勒伯朗士等人为其学说的先导。笛氏及生理学家曼斯利曾有同样见解，可惜没有尽量发挥。二氏胜过他人的地方在于有实验的证据。

中国固有类似詹兰的学说

说起来很奇怪，一千七百年以前，中国就有了极像詹兰学说的议论。在曹植相论里，我发现这样的妙句："无忧而戚，忧必及之；无庆而欢，乐必随之。"我立刻将它译成英文："To keep oneself in low spirits without a cause of worrying, sadness will certainly arise; to be in happy manner without a lucky occasion, joy will soon follow."给一位教心理学的美国朋友看，他也看出这是詹兰学说的口吻，但误认为是一位西洋哲学家说的。原句冠以"语云"二字不知究出何人。这样高深的道理绝不是谚语。曹氏本以思维敏捷、命意新颖见称于世，或者就是他自己的意思，假托无名氏发表探探有无欣赏的人罢了。至于刘安的"心哀而歌，不乐；心乐而哭，不哀"，则脱不了庸俗之见。

詹兰学说的教训

由二氏学说可知，凡是想快乐的人，须先得到快乐的体态，例如坐要直，行走要快，肺宜扩张，一日宜大笑数次，等等。这些体态都影响人的心绪。那些驼背迂缓、不常谈笑的人，就是没有其他原因，也足以使他们的精神颓废。充分的养气、肌肉运动及适当的姿势，都是保持欢愉不可缺少的条件。那些缺乏体力和患贫血症的人最容易不悦、发怒。概而论之，柔弱的人悲观，刚强的人乐观。肌肉丰满的人颜喜，骨瘦如柴的人色忧。心广的人不必体胖，体胖的人鲜有不心广的。

康诺的学说

康氏在一九二九年出了一本书名叫《痛饥惧怒时的身体变化》（*Bodily Changes in Pain, Hunger, Fear and Rage*），以此反对詹兰学说。他的理论是：（1）据试验，脏腑和中央神经系统完全隔绝后，情绪的行为并不产生丝毫改变。谢灵顿是第一位做这类试验的人。被试者为狗。他把它们的脏腑和脑之间所有的神经连接割断,然后考察对它们的情绪反应有什么影响,结果影响很少,或者简直没有影响。(2)同样的脏腑状态改变可在极为不同的情绪状态以及非情绪状态下发生。脏腑的反应太相同,似乎不能解释各情绪之间极不相同的感觉。假若情绪起于脏腑的神经冲动,那么,不但恐惧与愤怒时的感觉应当相同,就是寒战、气闭、热病时的感觉也应一样。(3)脏腑是没有感觉的。外科医师能将一个未用蒙药的人的食道任意割裂、挤毁、烧烫,而不引起任何不舒适的感觉。(4)脏腑的状态改变太慢,不足为情感的来源。平滑肌肉的反应时间比有条纹肌肉慢得多,这是早已证实的。(5)用人工引出随强烈情绪而生的脏腑状态变化,并不产生那些情绪。以上是康氏驳兰詹学说的基本理由。康氏自己的贡献是什么呢?

康氏认为,情绪的活动,不论是肌肉的或脏腑的,都由中脑发出的冲动所产生。为表现情绪用的神经藏在大脑外皮下层中枢内。当此处中枢受了刺激又无大脑外皮来约束时,它们会立刻放出强烈冲动。这特殊冲动加上一点感调(feeling tone),在感觉上便是我们体验到的情绪。康氏用实验把情绪在脑内的位置找出,证明中脑是情绪行为的主要器官。这是他的最大贡献。

格瑞的学说

格氏不满意前人的一切情绪理论,在一九三五年发表了一个客观的情绪论。他说,精神学家把情绪当作身体行为之前的精神过程,詹兰二氏把它当作身体行为之后的过程,康氏则把它当作附随身体行为而生的精神过程。各人用来解释的语言虽不同,但把它当作精神的过程则相同。康氏称情绪为"感调"。但感调又是什么呢?康氏并没有证明中脑供给感调。他不过证实最高中枢非情绪所必需。

人类能否在纯粹客观的基础上给情绪一个合理的解释,请先检查当情绪发作时所发生的生理变化。

人受情绪的刺激时,尤指愤怒、喜怒等兴奋情绪,身体大肆活动,消耗热力特多。这热力生于血中糖质,由肝按照需要以不同的速度制造出来。肝的作用则由肾上腺调理。当强烈活动时,血中肾上液加增;或注射肾上液入血内,肝的活动即加快。这原是康氏实验出来的。但肾上液在血中也产生其他身体的影响——毛发耸立,心跳加速,肌肉紧张,瞳孔扩大,血压升高,呼吸加速等。各种情绪即起于这些影响的不同结合。例如血管扩张、呼吸加速、肌肉紧张、唾液汗液增加引起愤怒;

血管收缩、战栗、心猛跳、肌肉弛缓、唾液停顿、毛发耸立、呼吸迟缓引起恐惧之类。换句话说，肾上液对身体的影响可分作几类。情绪名目（喜、怒、忧、惧……）便是为称呼每类影响所用的。这里要声明的是，肾上液不是情绪的唯一兴奋物质，其他内分泌也极活跃。情绪发生时，一切内分泌腺都在活动，由不同的比例及连合产生不同的情绪。譬如产生怒的情绪时肾上液便比产生爱的情绪时活跃。每种情绪既然各有其独特的内分泌作用的联合，其血液成分自不相同：怒时的血和爱时的血不同，惧时的血又和怒时或爱时的血各异。如各种情绪发生时，血的成分各有不同，则脉管系统内的感官应能觉出这不同来，这个感觉便是情绪。换句话说，情绪是脉管系统内的感官对成分不同的血液所引起的感觉。脉管系统内的感官可以感觉血液的不同成分，已经被哈佛医学校的斯蒂尔斯、芝加哥大学的卡尔森等人证明。

　　格氏这个学说解释了詹兰用以证明其结论的论据。情绪先刺激身体，身体则要等内分泌改变了血的成分后，再觉出这种情绪。所以情绪是在生理状态发生变化之后产生的。内分泌学在詹兰时代还未昌明，无怪乎他们要假设一种精神作用来说明了。他们误将血液成分的变化认为是精神作用所致。

格氏这个学说同时可以解释，为什么情绪是周身都能感觉到的。这也不难理解，因为身体所感觉的是周身循环的血液，又能解释为什么身体各部被蒙蔽后还能觉出情绪来。因为觉出情绪的是脉管系统内的感官。这些感官并未被蒙蔽，或不是全部被蒙蔽。

第六章

原情与杂情

定义

人和大多数动物共有的情绪,例如恐惧、愤怒等,叫作低级、基本、单纯或原始情绪,下文称它为"原情"。这一类情绪与生物的生存有密切及直接关系。每一种原情也是由几种复杂感觉组织成的。所谓单纯者,指其中不包括其他情绪。人类独有的情绪,例如宗教的、道德的、知识的、美术的情绪,叫作高级、演变、复杂情绪或情操。下文简称它为"杂情",这一类情绪只间接、渺茫地关乎生存。

原情间的天生联络

人类的原情都有天生的连带关系:愤怒不能发泄,则生出忧虑;因争斗而失败的人往往向仇人乞求怜悯宽恕;残兵败将有甘心投降敌军的；愤怒得到满足则生出喜悦。战胜敌人最使人快乐；"敢怒而不敢言"是怒和惧联合的经验；喜悦被干涉则愤怒生；丧失心爱之物则忧虑生；逢大喜之事则恐惧生——惧人嫉妒陷害。忧虑被干扰也可生愤怒，得安慰则喜悦生。忧和惧的关系更密切。只有怀有极大忧患者没有恐惧，因情境已坏到极点，无更坏的事可惧了。也只有真正忧国忧民之士，能得大无畏的精神。恐惧被干扰，亦可生出愤怒。胆小的人看见危险便逃，这时如有人阻拦他的去路，他必动武。如无路可逃则忧生；如完全脱险则喜生。总之，这四种原情——喜、怒、忧、惧被干扰则生怒，被败坏则生忧，达到目的或得着安慰则生喜，预料败坏则生惧。喜若实现，喜将加倍；怒遭反抗，其怒更甚；以此类推。以上所述，几乎是每个人的经验，而且各人自人生之始即不能避免。四原情间若没有天生联络，必然不会有此规律。

原情与冲动

四原情不但彼此有天生联络，和原始冲动（饮食、性欲等）也有先天关系。譬如饥饿，有食则喜，无食则忧，食被人夺则怒，预料必不得食则惧——惧饿死。又如性欲冲动，满足则喜，不能满足则忧，预料必难满足则惧，受人干涉则怒不可当。

人类在原情上的个别差异

原情尽人皆有，但程度各人不同。有因小事而大生烦恼的，也有对奇异刺激毫不动心的。在这两个极端中间，可有无数等级。那些情绪过敏的人，其情绪生活往往不稳定。凡容易大乐的人也容易大悲。这种人最难教育。教育是一种单调式循规蹈矩的事业，只有冷静的人才能接受。强烈情绪容易发生不规则的器官及液腺活动，因此而得病的也有。忧虑、恐惧、愤怒、过度兴奋、影响身体较过度的劳作则对身体的影响更大。把一个富于情绪的儿童放在强烈刺激之下，没有不产生强烈反应的。这种现象不可不警戒。丰富的情绪能帮助儿童发展，也能危害个人和社会。

杂情种类

杂情共有多少种？法国哲学家笛卡儿说有四十种，荷兰哲学家斯宾诺萨说有四十六种。这些应该都是就有名称的杂情而言。其实杂情既然是由六七种原情配合而成，依照配合的可能性，应有无数种。正好像六种原色可配出无数种杂色一样。我们不能因为缺乏名称的缘故，就说天下杂色只有数十种；也不能因同一缘故，认定杂情的种类是有限制的。

原情组成杂情的途径

原情组织成为杂情的途径有三：（1）进化必然的趋势。按一切进化的趋向，都是由简而繁，由卑而高，由笼统而分化。情绪也是如此。原情循进化的程序变为复杂后，有仍然保持其本来面目的，有改头换面而到不能认识地步的。前者可称为"同性进化"，即不改变性质的进化；后者是"异性进化"，即改变性质的进化。例如宗教的情绪，是由恐惧和慈爱组成的杂情；但无论所信何教，信者为谁，守何仪式，这两种原情都可随时察觉。这叫作不变性。博爱起于慈爱，即对自己小孩所生的爱，但世上不乏为实行博爱而甘心牺牲自己小孩的，例如令子从军。前后行为陷于矛盾，足可见世间人情之复杂多变了。异性进化很像动物发展上的异形变化——成虫的形状有和幼虫完全不同的，例如蛙和蝌蚪，蛾和蚕。无论情绪或形态，若不在发展各期内仔细观察，就很难指认了。

（2）由于发展而遇到阻碍。一切情绪都有活动的倾向（恐惧也不能除外），有时非常猛烈，不顾一切，好像那些风、电、水、火自然力量一样。只有观念和想象足以牵制它们；一部分杂情就是这活动和这牵制的调停结果，譬如怨恨，是一种杂情，内含愤怒。愤怒的活动具有破坏性，破坏仇人的身体、名誉、事业乃至仇人的亲朋。但一想到它的影响，或者对自己不利，便又会竭力阻挡、压制这种活动的发生，结果生起怨恨情绪。所以怨恨其实是没有成功的愤怒。照这样说法，降服是没有成功的悲哀，精神恋爱是没有成功的性爱。这一类情绪都依赖观念和想象。那些实行精神恋爱的人大半是理智发达的人以理智阻止了他们的生理表现及身体活动。精神恋爱的本色就在于不做任何身体活动。反证也可以，停止理智的阻挠，怨恨没有不立刻还为愤怒、降服还为悲哀、精神恋爱还为性爱的。这一类情绪既以理智为主体，便可一概称之为理智的情绪。理智能压迫具有危险性的情绪（例如愤怒），也能消灭与人有益的情绪（例如慈爱），全在于人类怎样利用和防范。

（3）起于化学式的结合。这结合分混合与化合两种。凡两三种简单情绪相加，各不失其本色，能随时由结合体复原，或由心理分析一一指明的，叫作混合的结合（Compositin by mixture），其中又可分为同性与异性两种。性爱乃慈爱、同情、爱美、称赞、爱占有、爱自由等十余成分相加而成（参阅第十章），且这些情绪具有相同的目的和方向，不相冲突，这便是同性或一致的混合。这类混合的力量最大。嫉妒乃由自尊、恐惧、愤怒等成分混合而成，但相互有冲突：自尊和恐惧冲突，恐惧又和愤怒冲突而成怨恨，这便是异性或冲突的混合。

有时成分完全相同，而结合的情绪却不同，这必然是参与组成的各情绪的主次不同。如某杂情为甲、乙、丙三成分结合而成，或以甲为主体而以乙、丙为附属，或以乙为主体而以甲、丙为附属，由此类推，附属之中又分轻重（这在化学当中等于分子式），则各种组成的结合体互不相同。因此，同一性质的情绪，各人各时的经验不同，各人各时的反应也不同了。成分既可轮流占优势，可见这种结合体是不稳定的。大概情绪愈复杂愈不稳定。性爱也是一切情绪中最复杂的，所以最不稳定。无怪乎爱情不专一，始乱终弃的事件充斥社会了。

凡两三情绪相加，各情绪都失其本色，而成为一种新情绪，这种难以分析、不能复原的个体（这种个体在化学内等于化合物），叫作化合的结合（Composition by Combination）。首先认清这种组织的是丹麦心理学家斯伯恩。他说"化合情绪"内的成分常相反（一属快感一属不快感），但又相辅相成。如压迫其一，其他也不能独存，或须失去其原有的情调。譬如冒险情绪（随冒险活动而起的情感）乃喜乐与恐惧化合而成。如压迫其恐惧，喜乐将变为乌有；如压迫其喜乐，恐惧或变为厌恶。

杂情种类详叙

杂情可分为宗教的、道德的、知识的及艺术的四类。四类都不能脱离生理作用而单独发生。

宗教的情绪

宗教的情绪以恐惧、好奇心、自卑心及爱四种原情为基础，杂以想象、易信、性爱、乐群、模仿等心理作用组合而成。它是一组很复杂、强有力的情绪。

人若没有恐惧，天不怕地不怕，宗教便很难成立。有的宗教，尤指佛教，大半是建立在恐惧情绪之上。它不仅把地狱描写得很残酷，并且还做出模型来，陈列给世人看。胆小的人看了几乎要吓昏。拿威吓来控制人的行为，固然可收到显著的效果，但终究不能使人悦服。何况胆大的人并不怕这一套。哪一国没有残酷的刑罚？但犯法者并不因此而灭绝。由畏惧而改善的行为，非常勉强，且难持久。

有的宗教，特指耶教，先默察人类最害怕的是些什么，然后设法解除这些恐惧，予人以莫大安慰及希望。譬如世人最怕没有饭吃，耶教安慰其信徒说，你们日用的粮食，天父自然会赐给的，用不着发愁。世人又最怕死，怕死实在是人类最大的恐惧。凡不能解除这个恐惧的，几乎不称其为宗教，绝无力量吸引信众。所以各宗教家都异常注意这个问题。"灵魂"便是他们最伟大的发明。它给世人无限安慰，他们说，死去的只是躯壳，灵魂是永生的，还怕什么呢？不管是强调恐惧也好，解除恐惧也好，宗教的情绪内总少不了恐惧成分①。

最初的人类及无知识人民对于宇宙自然现象——日月星辰、风雨雷电、火山、地震、瀑布、海啸等并不了解，引起其好奇心而百思不得其解，苦闷异常。这时若有人告诉他们，这些都是神造的，神是无所不能的。他们便转而注意于神，不再深究物理，自寻烦恼了。

人有自卑性，会在强于自己的人面前发作。如某人相信古人比他强，他就崇古，亦步亦趋去模仿古人。如相信现世某人为英雄，即便为此英雄驾车，也会引以为荣。这时若有人告诉他，神的智慧及权利远在古人或英雄之上，能支配宇宙一切，他就俯伏恭敬去拜神，要在神前满足其自卑欲。虽贵如君王也不肯放弃这种机会。要君王向人屈膝，抵死不从，向神却可长跪半日。这道理同睥睨一世的英雄、甘心拜倒在心爱的女人面前是一样的。

慈爱是人的天性。其一经升华便是仁爱（详第十章）。宗教最鼓励并促进爱心的发展。提倡人道主义，举办慈善事业，

---

① 关于宗教的情绪的这段论述，有偏颇之嫌，但本着尊重作者原意的原则，将其保留，不代表编者及出版方观点。

第六章 原情与杂情

就是给爱心发展的机会。富于爱心而无处发泄的人,很容易皈依我佛或我主。

宗教刺激人的想象,亦如神仙故事刺激儿童的想象一样。儿童爱听神仙、鬼怪、巨人的故事以及鸟语兽言;一般成人则爱听轮回、大千世界、世界创造记、世界末日记一类的故事。天堂、地狱、瑶池、黄泉、带翅膀的天使、生角的魔鬼等是多么刺激人啊。无怪乎趋向者多。宗教家不免要斥童话中的神仙故事为荒诞不经,但科学家始终不理解童话中的神仙故事与宗教经典中所讲的故事有何根本不同。儿童心理学家霍尔不是很早就测验过儿童的宗教意义吗?他问儿童"上帝是谁?""住在哪里?"可做代表的回答是"上帝是巨人""上帝是有灰胡须、蓝皮肤的巨人""他住在天上""他住在云里""他住在礼拜堂里""他和飞鸟、天使、圣诞老人同居"。这是儿童很天真的看法。教育家不因神仙故事全是假的而忽略其教育价值,心理学家也不因宗教的话不禁合乎科学而抹杀其普度苦心。童话与神道同是一大部分人的精神食粮。

宗教向儿童、青年及未受教育的成人宣传,收效尤大;因为他们的思想简单,容易受暗示,不怀疑、易信、缺乏批评能力。这是接受一种迷信不可少的条件。宗教除去迷信,便不称为宗教，只是哲学、伦理、教育罢了。智力优胜的人固然也有信教的，这是因为还有其他欲望要在宗教里满足，否则就是利用这机构达到某种自私目的。

宗教与性欲的关系可从两方面看。一方面，有些人根本不注重宗教，不过要借举行宗教仪式的机会，多与异性交际罢了。这种解释，在两性交际已公开的社会里或者觉得牵强，但在封建社会或任何男女隔绝时代，唯一有机会与异性接触的，就是在庙里烧香或是去做礼拜的时候。多少恋爱事件，都由此引发。传奇里关于这一类的记载不知有多少。另一方面，那些情场失意、万念俱灰的人，不去自杀，就遁迹空门。他们不仅要真心信教，还要终身从事宗教事业，并抱独身主义。庙庵里的僧尼，寺院里的修道，为上述原因而加入的，谅不在少数。这里的舆论既以不结婚为合法，那些失恋人的内心交战——结婚乎不结婚乎，堕入情网乎不堕乎——自然解除。庙宇是逃避现实、摆脱尘念的最好所在。

没有性爱纠纷的人为什么也要信教并常参加宗教仪式呢？因为在这里可以享受集体生活，满足乐群欲望。许多人聚在一处，一同唱歌、诵经、礼拜、听讲，确实是一件快乐的事。若遇着某神的生日或其他宗教节日，普天同庆，更使人兴奋。无数信徒按时去做礼拜的动机还不是敬神,而是会会朋友。如果纯为敬神,又何必选择同日同时及同一地点呢?

人类的行为大半是模仿的,宗教的行为也不能除外。某人为什么要信奉某教?因为他的家庭、学校或乡邻大半都信奉该教,他不知不觉受到影响了。生长在欧美的人最易信基督教;生长在印度、中国或日本的人,最易信印度教、佛教、道教;阿拉伯地区的人则最易信伊斯兰教。甚至信奉某教的某一支派,也是模仿的。佛教的支派喇嘛教,盛行于西藏;基督教的支派天主教,盛行于法意。同属路得派,长老会则流行于苏格兰,圣公会流行于英吉利。在中国教会学校念书的人不预备信教就罢,信必与该校创办人同属一派,例如肄业东吴者,多入美以美会,沪江者,多入浸礼会之类。生长在欧美者拜观世音,江浙者拜大喇嘛,才不是模仿。人有信教自由吗?不是风气作怪,就是教育家在那里操纵。

宗教的情绪既是这许多元素组合的,而每种元素又代表一种动机或力量,加起来它的力量就异常雄厚了。它能驱使无数善男信女,不远千里万里,登高山涉瀛海,朝拜他们所信奉的神和圣地。日耳曼新旧两教的战争,持续三十年,为世界最激烈的战争之一。为向穆斯林夺回圣地而组织的十字军,远征达七次（一说九次）之多，前后共持续二百七十四年。世上最富丽堂皇之建筑，除宫殿外，几乎全是敬神的地方。所谓古迹名胜，何处不带宗教色彩？世上亦有对亲朋一毛不拔而对化缘修庙的和尚慷慨捐助者。且有宁造七层浮屠，不肯救人一命者。这些都代表肯为宗教牺牲人力财力的精神。这种精神若善为利用，可造福人类。基督教将它移到慈善及和平事业上，可谓善于利用了。

宗教的情绪在生理上的影响胜过一切，因为它和保存自身本性（信教者之最大目的在于求灵魂得救，也是保存自身的一种）有密切的关系。不论世人信哪一教，文明程度如何，因虔心祈祷、敬畏所事的神而全身战栗，面色变白，甚至匍匐在地，不省人事的到处都有。敬神所用的酒（希腊有酒神教，教徒常狂饮）、祭品、香料、音乐（包含救世军的乐队、僧道的锣鼓铙钹）以及其他一切仪式，无非想直接在机体上产生生理的影响。有人说宗教的情绪是纯粹精神作用，能舍弃生理的要素而独立，这真是梦话。

道德的情绪

道德的情绪和道德的观念不同。道德的观念（如公正观念、本分观念等）是抽象的，只能感动一部分人，对于他人毫无影响。道德的情绪是一种打击，一种冲动，使人不安，使身体内外部产生活动。例如同情心，能使我们和别人化而为一，以别人的苦乐为苦乐（详见第十章）。那些帮忙捉拿强盗或凶手的人，自身不过是一个证人，但他所受到的骚扰分明是生理的。忠臣冒死进谏，惶恐待命；将帅义愤填膺，长啸高歌；壮士响应不平，拔剑而起；无不热血沸腾，全身震动。在群众运动里，道德的情绪更非借助身体的表现不可，而群众的道德情绪是胜过个人的。天下的大善行几乎都成就在群众手里。

知识的情绪

知识的情绪较罕见。大多数人对真理的探讨很冷淡。那些极少数真正热心学问的人，则废寝忘餐，把全部精神用在他们的研究上。但是他们的热情也不能脱离生理的情形而单独发生。古希腊数学家阿基米德发现物体在水中沉浮原理时，跑到街上大叫Eurekal Eureka（我找到了！我找到了！），后世就采用这个词作为新发现的感叹词。法国哲学家马勒伯朗士读笛卡儿著的《人性论》（*Traite de lhomme*）时，快活得心头乱跳，气息几乎闭塞。英国化学家戴维发现了钾元素以后，一人在实验室内大跳其舞。苏格兰数学家哈密顿发明四元术（Quaternion）时，身如触电。大仲马写三剑客时，狂笑不止，同他的书中人开玩笑，好像都坐在他的面前一样。除非作家在写作时找到快乐，否则读者是不会找到快乐的。无线电话发明人马可尼自谓做实验给他的快乐比任何金钱所能买到的都要大。东汉向栩恒读《老子》，状如学道，又似狂生。司马迁读《孟子》未尝不废书而叹。金圣叹评《西厢》不断拍案叫绝。袁宏道读书，对古人微意或有一二悟解处，常叫号跳跃，如渴鹿奔泉。清考据学者毛际可自言："一夕得霞举堂所刻诸书，如馋猿探果。不能自定。"清人永忠为了购买奇异书籍，不惜典衣绝食。苏子美作客外舅家，每晚读书以一斗酒为限，读到可歌可泣处就满饮一大杯。清儒阎若璩一日得到一个新考据，忘形至于裸体，高高站在了桌子上。欧阳询在郊外见索靖写的碑，坐卧在碑下，三天才离开。阎丘本见张僧繇的书也是如此。南唐有一位会作诗的和尚,中秋半夜忽得佳句,高兴地跳下创撞寺钟,惹得市民大惊。李后主不知其故,派人去捉他,问清楚之后哈哈一笑就把他放了。李后主也是了解其中乐趣的人。这种经验叫做知识的情绪,俗称为"读书乐"。

艺术的情绪

艺术的情绪一方面和感觉、知觉相连,一方面和想象、联想结合。按艺术性质的不同,一方常占优势。在音乐和雕刻内,感觉和知觉占优势。在诗词内,想象和联想占优势。前者直接依靠身体,后者间接依靠身体。

感慨

感慨是喜乐和悲哀的化合——喜既往的快乐,悲目前的失意,两相比较而生。

期望

随成功而生的愉快,主要源自期望。若目的达到,兴趣反而会减少。没有得到会羡慕,得到了就会厌烦。

羞耻

羞耻是自觉和恐惧的化合。其表现最接近恐惧。幼儿无自觉心,习于浪漫的人无恐惧(尤指道德恐惧),所以这两种人知道羞耻的很少。

害羞

害羞是自尊和自卑的化合。凡是只发达其一者无法产生这种情绪。那些从未出门的孩提和饱经世故的长者都缺乏它。

羞耻的由来

羞耻的由来很早,大约产生于野人对裸体的自觉。野人不愿意以全身示人,恐怕某部生理变化引起他人的厌恶,所以用树叶或兽皮来遮盖。后世的服制便是从这里衍变出来的。听说有人想打倒羞耻,曾倡导裸体游行,可见他们深道羞耻的起源,想做根本的铲除。

懊悔

懊悔是对自己的行为不满意。自觉心发达,能做内省功夫的人才有。人类的行为每因悔恨而改善。宗教家教人按时做忏悔祷告,在神前坦白承认自己的罪过,但对修身确有帮助。祷告方式又以个人自由陈述为佳,背诵祷告文的效果不大。譬如和尚诵经,一字不懂,或懂而不假思索,虽诵千遍也是徒劳。存心向善的人不必采取宗教仪式,常做自我检查也可。曾子的"吾日三省吾身",便是无关宗教的悔改。他的办法很具体,只是范围太窄。我们可采用其方法,随境遇的变化而调整自省的内容。做日记，清夜自思，做忏悔录，都是这一类方法。有些人从未做过内省（与道德有关者亦称"反省"），也不知道怎样做。内省是心理学研究法之一，不仅可解决一些心理问题，并且给人这种训练，他日可应用到个人修养上。

孔子门人蘧伯玉自称"五十而知四十九年之非"。可惜他没有将那许多年的过失具体写出指示后人。罪过人人都有，肯承认、知悔改者不失为君子。从前文人代人作传，一味隐恶扬善。今后做自传的人应革除这种陋习。假若无功可夸，至少可将平生悔恨之事逐一记下，并指明应采步骤，留作来者鉴戒，也是报答世人的一种方法。这种著作等待晚年或死后发表亦可。

忧虑

忧虑想象出来的痛苦，也是恐惧的一种。当心思闲散、有想法而不能有所举动时，忧虑很容易发生。忧虑是代替反应——代替身体的活动。不爱活动的人最多忧。"起来做点事"是消灭忧愁的良法。忧虑成了习惯的人，对极微的事故也寝食难安，无事也要找点不相干的事来忧。为月忧云，为书忧虫，为花忧风雨，为才子佳人忧命薄。居庙堂之高，则忧其民；处江湖之远，又忧其君。进亦忧，退亦忧。什么时候才能快乐呢？范仲淹答得怪："先天下之忧而忧，后天下之乐而乐。"前者未免太早，后者则永无机会。

大概人所忧虑的事不属既往，便属将来，忧虑现在的倒少。让过去的事过去，已埋的尸何必再掘起呢？忧虑将来等于自掘坟墓，让殡仪馆代办吧。邵子有两句话最明达："夏去休言暑，冬来始讲寒。"为人一定要忧虑的话，也只忧虑现在吧。

其实忧虑现在又有什么益处呢？忧虑始终于事无补。从前费子阳对子思说："吾念周室将灭，涕泣不可禁也。"（我感怀周超将要灭亡，不禁为之哭泣啊。）子思说："然今以一人之身，忧世之不治，而涕泣不禁，是忧河水浊而以泣清之也。"（但今天以一人之力，忧患天下之乱以致哭泣，就像河水浑浊，却以哭泣使之恢复清澈一样没用啊。）人的大宗忧虑都可这样来看待。忧虑不但无益，且伤身心，破坏有机组织。忧愁的人食难下咽，睡不成眠，面黄肌瘦，气息微弱，是极平常的表现。极端忧虑可使人发狂而死。俗话以"断肠"形容忧虑过度，不是没有原因的。如将可忧之事当作一难题看，用冷静头脑加以分析研究，好像数学家解答某数学问题，或文人想猜中某灯谜一样；可忧之事往往能得到解决。问题都要用思想解决。情感占优势的人不能同时用思想。用了一番思想还不能解决的话，不妨暂时丢开，或付之一笑。幽默的态度在这里用得着。不是我无能，实在是题目太难，恐怕旁人设身处地也解决不了。我这时只好以不变应万变了。

极端情绪

极端情绪，例如极乐、痛恶、过度忧虑等，可扰乱交感神经的一切作用。穆勒曾叙述一青年女性失恋，痛苦数日。这几天所吃的东西都呕吐出来了。她并没有绝食的意思，实在是胃囊不能容纳。达尔文也记载一青年男性，突然听见要得到大笔遗产，面色忽然变白，过了一会儿才表现出各种愉快，最后将胃囊中全部东西呕吐出来。古人有"乐极生悲"之语，迷信家拿因果报应的话附会它，其实这话也有它的生理根据。失色表明循环受到了扰乱，作呕表明消化受了扰乱，二者都起于交感神经的受扰。后者又起于神经中枢的受扰。神经中枢受到强烈刺激则起强烈变化，无论在感觉方面是哀、怒、喜、惧或其他

第六章 原情与杂情

情绪。这变化影响交感神经,使其失去统辖各部器官(消化器、循环器、排泄器等)的能力。

人有听见坏消息而发笑的,心理书中偶有这一类记载。作者也亲眼见过这样的事:我家有一女仆,一天收到一封家信。她不识字,请人代读。听到"汝母已于腊月六日病故,水牛被盗,旧屋倒塌"等句,她忽然笑起来。旁边站立的乳娘也笑起来,代读的人也笑了。这时我在另一间房听见众笑声,走过来调查,才知道是这一回事。等到信快读完的时候,女仆才大哭起来了。随极乐而起的悲哀或哭啼,与随极悲而起的欢乐或嬉笑,各为一种刺激的两种反应。这两种反应在平时要两个相反刺激才能唤起。但加强任何一个刺激的力量,两种也可同时唤起。这和极热气候可唤起热觉,也可唤起凉觉、痛觉的例子类似。

被极端情绪冲动的人常起妄信。如痛恨某人,则觉天下可厌恶的特性都聚集在这一人身上。如钟爱某人,也会觉得天下美德全都聚集在此一人身上。"人莫知其子之恶,莫知其苗之硕",不是智不及人,而是爱心遮盖了一切缺陷。爱人互相说"你是世上第一可爱的人",这不一定是谄媚,多半是自信的话。俗谚有"情人眼里出西施"语。假使不出西施的话,反倒是爱情不强烈的证据。但这种妄信,在寻常生活中,常受到不与我们有相同感情的人牵制。妄信一经他人批评，就难坚守。换作是国与国之间又不然。如深恶某国，则对该国的印象可无限恶化。其原因有二：（1）大多数人和国外之人见面的机会太少，错误观念无从更正；（2）具有相同情感的国人太多，信念因而更坚。结果助成了战争之祸。

气候与情绪

物质的环境也影响情绪。其中尤以气候的影响最大，光线次之。天朗气清，惠风和畅，不单是游客兴高，服务人员亦为之神爽。古人无数悲哀诗词，都写在凄风苦雨之时，无可奈何之日。词章家以"春风"形容笑容，"春心"形容性爱，以气候形容情绪，自然有他们的道理。"春女思，秋士悲"，联合"秋""心"便是"愁"，"秋风秋雨秋煞人"。秋天本是可爱的时节，和春天没有多大区别。秋高气爽，兰秀菊芳。秋月光明，秋水清澈。秋虫唧唧，可作音乐听；黄叶满地，可作美景观。秋天有什么可悲？古人常利用这时节做特殊工作或游戏。文人趁此会试，称作"秋试"；武人趁此合操，称作"秋操"。农人收获以后，大开庆祝之宴。《诗七月》："九月肃霜，十月涤场。朋酒斯飨，曰杀羔羊。跻彼公堂，称彼兕觥，万寿无疆。"足证古代未必以秋为可悲。秋是被宋玉等人说坏了的。宋玉《九辨》开头一句"悲哉秋之为气也"，贻误文人不浅。汉武帝的《秋风辞》，欧阳修的《秋声赋》，都是反秋的宣传品。大好辰光被他们破坏了四分之一。作者站在心理卫生立场，敢向悲秋余党兴问罪之师。所幸唐代早有一位诗人孟浩然提出抗议。孟氏的经验是："愁因薄暮起，兴是清秋发。"秋未使他悲哀，反使他快乐。

光线与情绪

薄雾浓云为何会使人忧愁呢？这是因为光线。光线不足，不仅伤害视力，也使人沉闷。若无其他感情，黑夜比白昼更易使人生起愁思。黄昏比月夜的光线更暗，所以也更为恼人。试想旧式家庭的夜生活：一灯如豆，黑夜幢幢，三五对坐（弱光之下不能工作，也不能游戏，只有对坐），面面相觑。出却灯花报喜，别无撩人之处。即使点两盏银烛，其亮度也不及电灯一盏。电灯,能加赠人的快乐,不宜节省。工人在光线充足的条件下,工作的精神都会提高。

人类在情绪上的差异

古今中外的人在情绪上虽有多寡强弱之别,但远不及他们在理智上(尤指观念和思想)的差别来得大。情绪现象是基本的、难以改变的。古人有些什么情绪,我们现在都有,我们的子孙也将继续拥有。他们的情绪在什么境遇下生起,我们在同样境遇下也会生起。生起的方式也十分相似。教育所起的控制作用只是暂时的。

情绪远比理智动人。辩论很难改变一个人的信仰,至少不能在短时间内收效。世上很多知法犯法者,说明理智很难战胜情绪。有极合逻辑的理论,但现实或须待若干年乃至若干世纪后才能实现。纯粹用理智发动人是多么困难呵。

不带情感的理由不中听,所需的情感不一定要猛烈,或表露得明显,但至少须隐蔽其中,才能动人。有人把骆宾王声讨武则天的檄文读给武氏听,她只是笑,心想秀才们又想造反了。等听到"一抔之土未干，六尺之孤何托"两句时，面色忽然惨变，急问："是谁作的？既有如此人才，为何不早奏明重用？"这两句话打动了她的心弦，也打动了普天下人的心弦。什么力量比性爱和母爱还大？她害怕了。不久也就被推翻了。

法院是最重理由的地方，但带热情的申辩终究会胜人一筹。因为法官是人，律师、原告、被告、证人以及旁听席上坐的都是人。凡人都不免受情绪的支配。带感情的申辩，旁听的表情，以及大众的批评，都会影响法官的判决。"王法不外人情"，国家的法律也是根据人类情感制定的。人的活动不由其爱或恶决定的真是少极了。

文艺与情绪

人类的思想最受美文、音乐、喜剧、电影或其他能激动人类情绪的各种艺术的影响。梁启超自称他的文章能感动人，就在善寓感情于字里行间。别的文章不说，单就梁氏为《新民业报》所著论说的数十篇而论，每篇最后那一节骈文，都极具热情，使人读了兴奋异常，爱国心油然而生。

仪式与情绪

仪式是刺激情绪的良法。信仰加以仪式,其信更坚。宗教最善运用这方法,所以成效特大。现代政党也有效法的,无奈被施者的知识水平都在一般教徒之上,所以难以收到同样的效果。婚、丧、就职都举行隆重仪式,所以加增喜、忧与责任心(即道德的情绪)。

情绪与新观念、新习惯、新生活

情绪经验能造成新观念、新习惯和新活动。有害的旧习惯如果没有遭遇精神上的重大打击,是不容易抹去的。

当一个人意志停顿、思想错乱、动作迟疑时,施以非常的情绪经验,往往可以矫正一切。罪人的忏悔、浪子的回头、决裂的人愿言归于好、诉讼的人私下和解,都是这种经验的结果。从生理上说情绪(包含身体内部的各变化),一方面可抹去神经系统运作的旧道路,另一方面又可开辟新道路,发生新反应。从心理上说,可铲除腐败观念,并给新观念以成立的机会——共同再造。袁了凡说"从前种种譬如昨日死；以后种种譬如今日生"可做这种经验的代表语。非常情绪的唤起原本没有特定的时间。基督教用洗礼、坚信礼、圣餐、奋兴会等作为有定期的刺激，也生奇效。

第七章

愤怒

怒的分类

怒有多种。以强度分,有暗怒和明怒两种。暗怒只发于内心。明怒有表于颜面的,有表于语言的,可称为愤怒。有表于举动的,意在打倒怒的刺激,故称为赫怒。有迁怒于刺激以外的人或物,并施以激烈举动的,这叫作狂怒。

以牵涉的范围分,有自卫的怒和保卫身体的怒两种。前者起于个人行动、利益或人格之遭侵犯。后者起于公众行动、利益或体面之受损伤,所谓公愤是也。怒常牵涉两方面,所以有个人对个人,个人对团体(家族、部落、国家种族),团体对个人,身体对身体各种。相骂、离婚,是个人对个人的怒,脱难家庭、反叛、革命,是个人对团体的怒。议决除名、依法惩办,是团体对个人的怒。阶级斗争、世界大战,是团体对团体的怒。大概人口愈繁,交通愈便,社会组织愈复杂,怒的范围也越扩大。

以对象分,有对刺激本身而发的怒,通常多属此类;有对刺激以外的人或物而发的怒,即所谓迁怒。三国时代有一位夏侯渊被流箭射伤左眼,每次照镜子必大怒,常将镜子打翻在地。东汉有一位王思,为人性急,有一次在写字时,忽然飞来许多苍蝇,驱去又来,王思没有办法,将笔投地,用脚踏坏以泄愤。这种迁及物品的怒,最惹人发笑。

以发生的形状分,有急进、渐进、起伏、动摇四式。初受刺激便生大怒,随后逐渐减退叫作急进式。发生很慢,逐渐激烈,减退很快,叫作渐进式。忽增忽减,变化无常,叫作起伏式。忽起忽怒连喷带笑,捉摸不定,叫作动摇式。

以反映时间分,有即时怒和过后怒两种。事发当时即表现愤怒,为即时怒。当时未将激怒的语言行动认清,过后恍然大悟;当时无力反抗,不敢面怒;当时竭力制止,过后制止不住,都属于过后怒。过后怒者,亦有起于刺激发生后数年、数十年乃至留于子孙后世的。见于个人、家族、国家、种族间的报复、革命、战争。

唐雎论怒

战国时代唐雎论怒，分天子、庸夫和志士三类。他说："天子之怒，伏尸百万，流血千里。庸夫之怒，免冠徒跣，以头抢地。志士之怒，伏尸二人，流血百步，天下缟素。"专诸对王僚的怒，摄政对韩傀的怒，要离对庆忌的怒，以及凡为正义而行的暗杀，都是志士的怒。这种分类乍看好像是以人的地位作标准，与怒的本身无涉；其实是以怒的结果和影响做标准。地位越高，影响越大，结果也越可怕。

怒的基础

怒以自尊心做基础。凡自尊心薄弱的人虽受奇辱也不发怒，唾面听其自乾。耶稣教提倡督自卑，所以"有人打你左脸，你应当把右脸转过来由他打"的教义。若自尊心强的人，虽稍受侮慢也不甘心，除非对方资格太浅，不屑和他计较。孔子所说"知耻近乎勇"应当作"不知耻便无门志"或"无自尊心者无怒"解释。

怒的感情

人因有不如意的事物才动怒,所以怒的初期感情都是不快乐的。等到结果胜利,敌被克服,便生出快感来。说怒的目的在求快感,也未尝不可。目的即达,转而爱对方的也有。爱的程度又常和过去怒的程度成正比例——怒愈甚,爱愈切,可谓滑稽。这种事只发生于曾经一度心爱的人,例如亲友。若是根本上不赞成的人,即使胜了也无动于心。目的一日不达到,则不快感一日不散去,易酿成怨恨、报复等复杂感情。

怒别于惧

怒和惧有区别:怒以自尊心做基础,惧以自卑心做基础。怒的态度为进攻,惧的态度为退避。怒的目的在破坏,惧的目的在保全。怒的开始起不快感,继而起快感,惧则始终都起不快感。这是怒和惧不同的大略。

怒和惧的刺激不能划分,同一刺激,例侮慢、恫吓,可使人怒,也可使人惧,取决于受者的反抗力如何,有无保护人在旁。又怒和惧都以自卫的天性做基础。前者是积极的自卫，后者为消极的自卫。这是它们略同的地方。《礼记》称惧为"怒中之小别"确有见地。

怒的原因

怒的原因最复杂：受人侮辱或欺骗，失恋或其他失望，身体受束缚，言语遭反对，觉不公平，嫉妒，善意被人误会，缺点被人指出，罪恶被人告发，秘密被人泄露，利益被人侵夺，看见一向讨厌之人的某特殊身体形态（例如特别高、矮、肥、瘦、深眼、麻木等），或某种特殊的动作（例如跛行、两眼不断转动、吞咽状态、特奇语音等），奇装异服，吸烟、食葱蒜等习惯都是。

疲劳容易使人发怒。车夫、挑子动辄打骂。劳作一天刚刚回家的员工，最容易向家人找错误，也是这个缘故。孙子说得好："吏怒者倦也。"贾林则说："人困则多怒。"疲劳起于机体的变化。这变化或与愤怒引起的变化相同。触动了它则极容易引起愤怒。再者疲劳的人对刺激无暇考查分辨，因此其怒气也可由误会而起。

人有不受外来任何刺激而发怒的,这叫作自发的怒。疯人往往有这毛病,其原因埋伏在机体内部。

能使儿童和原始人类发怒的原因,例如食物被夺、玩具被偷等,不能使文明的成年人发怒。反言之,能使文明成人发怒的原因,例如败坏其名誉、侮辱其国体等,不能使儿童或原始人类发怒。怒的原因曾经伦理化、宗教化、社会化。

身体的疾病(无论是神经、消化、呼吸、循环任何一方面)使愤怒增多、加强。斯特拉顿等人的研究表明,身体的疾病在机体上会留下不可磨灭的印象,使人在病愈以后,抵抗愤怒冲动的能力永远降低。从前患病愈多,以后愤怒亦愈多或愈强烈。野蛮人和迷信家常向无生命的物件和动物发怒。文明人只向人发怒。聪明的人只向身心健全、受过教育的成人发怒;对残废、白痴、儿童的侵犯一概宽恕。

迁怒

受怒而无力反抗者,常迁其怒于第三位弱者。下官被上官责骂，回到自己的衙门骂其部署，部署回家骂其妻子，妻子骂其仆婢，仆婢无人可骂，骂鸡犬。也有不即时迁怒，留到若干年月以后才迁的，儿媳受姑姑气，确实可怜；等到她当姑姑时，给儿媳气受更厉害。不孝顺的子女多半是曾经被父母虐待过的。世有不少子女幼时受父母溺爱，稍长即遭厌弃的。若父母能追忆自己对子女前后待遇的不同，则许多不可理解的忤逆便得到解释了。虐待也不限于身体或物质，干涉子女的行动、言论、职业、婚姻、信仰诸自由——精神虐待——都是。这种迁怒很像报复，因所迁的人不是别人，正是以前施怒的人。其实施怒的人现已变为弱者，与之前判若两人了。

怒的生理

愤怒影响脏腑。但影响状态，知道的人就很少了，因为无法直观，又难以实验。古希腊早知怒和胃汁、胆汁有关。罗马文的"胃"字和"怒"字通用。《魏书》记，李冲暴怒，肝脏伤裂，没过多久就死了。

愤怒会影响心脏和循环。面色随影响的大小、怒时的久暂，变红、白、黄、紫或青黑。大概初怒时血脉扩张，随后血管收缩。血液不足以清洁血内废物，则面部又会变其他颜色。怒时额头和颈部的静脉特别扩张，亦可使鼻孔流血，血管破裂而死。患心脏病的人最忌发怒。据动物专家雷尼的报告，一个带着发怒声调的字，可使马的脉搏每分钟加跳十下。

怒时呼吸加快，胸部升高，鼻孔张大，颤动不止。胸部升高，是肺容量增加的外部表现。鼻孔张大，无非要自由地吸气并使之进入肺部，呼吸太快则不能说话，发怒更是如此。

怒影响各种分泌。最明显的是流泪，但不及悲哀时所流的多。其次唾液增加，但久怒则变枯干。怒时唾液的成分改变，以至口味和平时不同，饮酒觉酸，口内起泡沫，盛怒唾液中含毒，可由咬啮毒害他人。

人有被怒犬（不必是疯犬）咬死的，这是中了唾液之毒的结果。哺乳期的母亲发怒则乳量减少或成分改变，容易致使儿童生病。怒又影响汗液分泌。怒时有流汗不止的，即使是在严冬也是如此。这汗是伴随肌肉的活动而起。

怒的表现

怒时意志坚强，全身肌肉紧张、强直，稍向前斜倾，作攻敌之状。也有运动错乱、四肢抽筋的。口通常紧闭，牙齿互相咬切，两拳紧捏。盛怒之时下逐客令，其手作攻击或猛推姿势。能制止这姿势的人很少。锤桌、掷杯，不过是略加发泄其被压迫的打人欲望罢了。幼儿盛怒时，满地打滚、叫喊、踢、抓、咬一切能触及的东西，近乎动物的怒情。

怒时额头多皱缩。这和愁时或深思时的表现相同。眉毛缩短、下垂或不动，两眼大张，比平时明亮，偶现闪光，眼球有时从眼窝突出，呈现红色，此为头部充血的结果。头部充血更可见于发红的颜面、外耳及扩张的静脉。

怒的表现全球的人都是一样。只有握拳一项，以拳斗殴的民族才有。澳洲土人不以拳斗殴，所以怒时并不握拳，他们发怒常翻上下唇，大肆摇摆其两臂，女性则做不规则的跳舞，并向空中飘洒尘土。假使我们看见了，很可能误认为他们是在游戏。

怒时语音

怒时的语音和平时不同。怒时粗而严厉,忽断忽续,震颤,或一字重说几次,像患口吃一样。这都是因为呼吸受了影响的缘故。粗厉的声音可使敌人恐惧、退避。《史记》记"项羽一怒,汉军皆披靡,人马俱惊",有可能是真实的记载。

怒笑

怒时有发笑的,这是常有的表现。起蔑视情绪(包含愤怒成分)时常常会笑。也有因怒时双方语言态度近乎滑稽而发笑的。这并非真正的怒笑,而是由怒情转于滑稽意识而起的快乐之笑。因在怒时发生,常被误认为怒笑。

怒与性欲

怒和性欲有关。男性在性欲发动时,最容易暴躁。不仅人类如此，动物亦然。据达尔文的观察，雄蟋蟀、蚂蚁、甲虫、蝴蝶、鱼鸟的争斗，多是为性而争，所以在春天和育卵时尤其多。

怒的起初表现

愤怒在一个人身上始于何时，很难判断。达尔文说婴儿出生后八天会皱眼皮，十星期会皱额头，四个月怒情大显，七个月可由极小原因而动怒，十一个月会恼怒稍不如意的玩物，二岁以后的怒发达完全，和成人没有差异。

怒的进化

怒的进化可分为三阶段。第一阶段完全取攻击势，有时会做无意识的破坏。怒时不起快感，或只起一点。肉食动物常因争取食物或求性欲的满足而发怒。这一阶段的愤怒可称为动物的怒。第二阶段的怒较为和平，破坏减少，包含以他人痛苦引发的快感。儿童和原始人类的愤怒多属这期，可称为情绪的怒。第三阶段的怒更为和平。竭力制止破坏，延缓愤怒发作。宁可内心嫌恶、猜忌、怨恨，也不显露于外。可称为理性的怒。只有文明人才有。

怒的冲动性

怒是一切情绪中最富于冲动性的。盛怒可杀人，并可杀稍涉关系的一切人，甚至毁灭他们的尸体。古时有掘墓鞭尸，剜心作祭的事。张子房以文弱书生而刺秦王，安重根以亡国遗民而刺日相，都是由一股怒气冲动起来的。"壮志饥餐胡虏肉，笑谈渴饮匈奴血"，富于理性的岳飞尚且做这种口头表示，理性远不及他的人，或涉及私仇的更不必说了。

怒与战争

野人作战以前，故意激发自己的怒。文明人作战则加敌人种种莫须有的罪名，做各种足以激起公愤的宣传。所谓战时士气,其主要成分便是怒气。如果想要士气高涨,须时刻将这怒气激起。若对敌人根本无怒,这仗就无法打了。古人打仗是个人与个人的接触。两将各骑在马上交锋,动辄数十回合。兵士厮杀也像是当今的拳击。这种打法最容易激发怒气。今世战争两军相隔数里或数十里,彼此都不见面或看不清楚对方。大炮轰去或炸弹投下,究竟打中了没有,打着谁,一概不知。敌人变为抽象,怒气自然很难发生。

讲到怒与战争的关系,任子、慎子、老子都发表过意见。任子的"喜能歌舞,怒能战斗";慎子的"有勇不以怒,反与怯均也";所言极是。老子说:"善战者不怒。"假如他所谓的"战",也是指身体的斗争,那么这话就说不通了。如指精神斗争,还勉强说得过去。

动物的怒

在雌性动物中,怒和打只在保护其幼子时才会发作。老虎虽是凶猛的野兽,但据达尔文的报告,就是老虎也很少敢攻击有母亲保护的小象。若无小象在旁,老虎则毫不犹豫地攻击母象。

怒的变态

有人终身不怒。《晋书·卫玠传》："终身不见喜愠之容。"《魏书·高允传》："余与高子游处四十年,未尝见其是非愠喜之色。"这或许是因为修养有素。至于生在同一时代的孙登,则"性无恚怒,或投之水,出而观之,乃复大笑",近乎变态。看他平日隐居山中,鼓一弦琴,夏日编草为衣,冬日披发自覆,阮籍、嵇康去拜访他,同他谈话,问他这么做图什么,他始终不答,更使人相信他是变态了。

愤怒是一切情绪中最容易走入极端而成变态的。怒的变态有两种:其一为极端缺乏,孙登便是如此。白痴多不发怒,但并不属于缺乏,而是不明白怒的刺激为何物,亦不知侮辱为何物。其二为极端暴烈,手握大权的人才有。当人不待充分表现,已被四周的人制服了。帝王、教主、军阀往往凭一时一己的愤怒,残杀无数无辜人民,毫不动心。愤怒实在是一切情绪中最可怕的。程明道也说过:"人之情易发而难治者唯怒为甚。"

德国犯罪学家福瑞克迪瑞克曾说过:假如愤怒的刺激充足,几乎可使人都犯杀人罪,那些从来不犯这罪的,并非自治能力过人,实在是没有遇见足使其大怒的境遇。

狂怒

极端愤怒叫作狂怒。发作者有不可制止的破坏冲动——伤人、杀人、纵火、自杀、捣毁面前一切物品等。这冲动是怎样产生的呢？研究者多说起于身心的衰化，所以白痴和患精神病的人多发这种怒气。对情绪有专门研究的法国人瑞波特则将其归咎于遗传。他说狂怒是野兽常发的怒。人所发的不过动物根性的再现罢了。

嗜杀

同一狂怒，结果有的杀人，有的自杀，有的做其他破坏，这要怎样解释呢？这里有远近两种原因。各人心性不同是其远因。按道理说，我们都有以上一切冲动，不过各人程度不同，只是有没有机会表现罢了。即使是最暴烈的冲动，也埋伏在人人身体内。譬如杀人，极端情况下，有专以实行杀人为快乐的，张默忠、黄巢、李自成便是。孟子说："今夫天下之人牧，未有不嗜杀人者；如有不嗜杀人者，则人民引领而望之

第七章 愤怒

矣。"另一极端是只以想象杀人为快乐,例如爱看杀人小说,或听杀人故事。中间经过:(1)以杀人职业,例如刑官、刽子手、士兵、暗杀团。(2)想杀人而不敢,但表示于咒骂中,例如杀千刀、刮万刀,恨不得把你一拳打死,一口咬死,或期望得到一种外力代杀,例如咒人遭雷劈、火烧、电击、车碾、行路死在街上,过桥落在水里。(3)喜看杀人。刑场周围站立的人、观战团、赴剑斗会的人都是。(4)喜杀动物。从狩猎野兽到扑灭蚊虫都是。常见人打蚊虫,满手血迹,得意扬扬,好像打了一场胜仗。(5)以杀动物为职业,例如屠户、庖丁。(6)喜看动物流血。斗牛、斗鸡、斗蟋蟀的都是。(7)爱看武打剧。杀人流血的行动在戏剧性中,虽仅以动作或语言表示,但观者往往将它当作真实看待。许多人虽未杀过人,但以欢喜的心态读过许多讣闻。又如自杀,由失意而悲观、厌世,而有出世的念头,并加以实行(隐居做僧尼)也有若干程度。其他如放火,由儿时的玩弄,到大规模的纵放(战时则焚城);又如捣乱物品,由拍桌打椅,到掘人坟墓,毁人宗庙,灭人国家,中间所经过各级,其程度虽不同,实质却是相同的。人类既有各种破坏行动的根性,则都有暴发的可能。怒时专择吸引力最大、阻力最小的去爆发。

近因则以各人性别、教育程度、社会地位、各种疾病等而异，在此不一一列举。大抵患抑郁症的人有杀人和自杀倾向，中酒毒者喜放火，患麻痹症者容易犯偷窃。虽同一行动，各人表现的形状也不相同。譬如杀人，患癫痫者杀人法和患抑郁症、麻痹症或中酒毒者都不相同。也有一个人多次表现不同冲动行为的。提倡"衰花说"（即以身心的衰弱解释各种冲动狂的学说）的摩尔曾见某患抑郁症者五次变换其冲动：由谋自杀而杀人、而荒淫无度、而狂饮、而纵火。最后这人曾自投法网，了结一切苦痛。冲动行为通常情况下是不会变换的——倾向自杀的常自杀，偷窃的常偷窃，而不做其他破坏。只有情形严重或病久之人没有固定的倾向。

有人解释一切愤怒为"暂时疯狂"，完全把它列在变态心理中，未免偏断，但使其不损人害己，恰当时宜地使用愤怒，或许也是有益的。

怒的利弊

怒的害处小则损己伤人，大则祸国殃民。若人人任意发泄,则人类将灭绝。但愤怒也有其好处:小则用它争取个人或团体应得的权利,大则争取民权、国权。不怒虽不招祸,却也不造福。天下冤屈的事,也无人代伸了。愤怒和争斗并行。只有富于怒气及奋斗精神的人才配说改革与革命。文王以一怒而安天下之民,武王亦以一怒而安天下之民。圣保罗向加拉太人发过怒;耶稣鞭打过在圣殿做买卖的人。有人说:"全部《水浒》只是描写一个怒字。"梁山泊的英雄是富于公义之怒的。公愤、义怒至为宝贵。凡不能发怒的动物或人,必受同类侵害。怒是积极自卫不可少的情绪。凡在儿童时代从未真正打过一回架的人,他的心理健康便减少了一分。

怒的控制

害人的怒应怎样制止?先贤多主张忍耐。说忍得一时之气,免得终身之忧。但若不问前途,一味容忍,则是无廉耻的表现。

也有主张无为的。静居寡欲,与人无争。看一切皆空,即我也不存在,怒气自然不生。但因克制愤怒而停止人生一切活动,则比因噎废食更蠢。

心理的制止方法有躲避刺激和转移注意力两种。不使环境内有怒的刺激,怒自不生,环境内虽有怒的刺激,当事者能竭力避免,怒也不生。譬如隔壁有人骂我,若我不侧耳偷听,反而外出散步,怒自然不生,争斗也免于无形。司马光说的"利剑在手不敢饮酒"和庄子说的"养虎者不敢以物与之,为其杀之之怒也;不敢以全物与之,为其决之之怒也",都是避免刺激的道理。儒家的"制于外,养于中""非礼勿视,非礼勿听"则说得较为抽象,但也是类似的道理。

转移注意力和躲避自己没有根本区别。原理是,一边消极地拒绝刺激,同时积极地接受另一刺激,例如快要怒时听音乐,诵诗歌,或数"一、二、三、四、五……"之类。人不能同时注意两个事物,既注意了后面一事,则使人发怒的前面一事势必放在脑后。重复念"阿弥陀佛"或"哈利路亚"(耶教赞美上帝词)足以清心寡欲,其心理的根据便在于此。

霍尔的调查

据霍尔的调查,有在怒即将发作时咬木块的,其人衣袋中常带一些木块,以备不时之需。有到地窖锯木的,木和锯子都是他专为这种用处而准备的。有拿笨重石子掷岩石的。女性有猛奏钢琴的,其中有一人最爱奏"Devil's Sonata"(魔鬼曲)。有放荡不羁,好为妄言而又不愿他人听见的。有槌檐下溜筒作响的。也有迁怒于狗、猫、儿童或咒骂一个不在眼前之仇人的。也有毁伤自己身体的。其效用都在消磨怒时所生发的精力。德皇凯撒是世上最富于怒气及斗争精神的人。他在第一次世界大战失败被迫下野后,最爱作伐木运动、自然是借这运动消灭其胸中的不平之气。

两性在愤怒上的差异

女性的怒气较易激发。不可制止的破坏冲动和不顾利弊的捣乱行为,都比男性多而且强烈,女性的体力虽然远不及男性,但监狱中暴动的常为女犯。第一位喊"不自由,毋宁死"

口号的并非丈夫。精神病名医克罗斯顿说疯人院女性喧嚷的声音比男性多十倍。作者参观纽约、北平、苏州和上海疯人院所得的印象略同。女性的破坏行为代替了男性的殴斗行为。男性好斗，女性则爱发脾气。据许多消费者的经验，女店员的招待不及男店员周到，如果多问了几句关于货价的话，她们就表现出不愉之色。又据许多仆人讲，少爷容易对付，小姐真难服侍。跳舞和音乐给容易激动的神经和肌肉以合法解放，所以女性特别爱好这一类艺术。

愤怒的时期

据学者的研究，大学女生星期五到星期日比星期一到星期四更容易动怒。这自然是疲劳逐日增加的结果，又饭前比饭后动怒的概率大三四倍。最容易发怒的时刻为午饭前一两个小时内。怒固然可阻拦消化，若其刺激不强，消化也可减少怒气。怒的情绪历时从五分钟到一天不等，平均为十余分钟。

怒的可教性

愤怒是有可教化性的。同一时代，文明人常比野蛮人、成人常比儿童、受过教育者常比未受者少有意气用事的时候，曾子在家连对犬马都从来没有发过脾气。所谓君子"色思温，貌思恭……忿思难""君子绝交不出恶声"等，虽只是若干口头教训，但受过教育的人实行起来确较容易。村妇常因鸡毛蒜皮的小事骂街半日。大家闺秀虽受奇耻大辱，或竟不发一言。老官僚无论因何冤屈辞职，其辞呈中却从不发泄其冤屈。

怒的教育价值

愤怒有极大的教育价值，能使安静的人大肆活动。这活动若善为利用，可使人建立无数伟大事业。因气愤而努力的例子很多。司马迁说得最对："文王拘而演《周易》；仲尼厄而作《春秋》；屈原放逐，乃赋《离骚》；左丘失明（失明则不能做官，也是从前人的一大憾事），厥有《国语》；孙子膑脚，兵法《修列》；不韦迁蜀，世传《吕览》；韩非囚秦，《说难》《孤愤》；《诗》三百篇，大抵圣贤发愤之所为作也。"马丁·路德说："我如果想把写作、祈祷或讲道弄得好，必定要发怒。那时我脉管的血沸腾，我的悟性锐利。"某西人在中国某大学教授英语，学生不肯发言。某西人无法，一日故意说激起公愤之语。某生怒不可止，急起申辩，滔滔不绝。某西人听了带笑回答说："谢谢你，不然你是永不开口的啊，之前说的是开玩笑而已，希望不要介意。"真正动人的演说，是受了极大冤屈后在公证人前的申辩。即便是村妇俗子，也能口若悬河。清人程长庚曾到北京演戏，被观众嘲笑。他便闭门练习，三年没有演出。一日登台，观众数百人都狂叫动天，称他为"叫天"。于是以皮黄著称，号为"伶圣"。受同学欺侮的儿童常发誓用功，以博得老师的夸奖、其他同学的钦佩和欺侮者的嫉妒。求婚被拒绝的男性动辄立志做一伟人，名扬四海，衣锦还乡，以使今日拒绝他的女性后悔莫及。"小不忍则乱大谋。""无敌国外患者，国恒亡。"韩信忍胯下之辱，乃成兴汉之烈；范蠡受石室之屈，惟怀沼吴之谋。"忍"在我国为重要的品德之一。先贤一切"忍"的教训，无非教导人作"愤怒高尚化"功夫。孔子说："不愤不启。不悱不发。"观此老生平遭遇，可知是他经验之谈。

第八章

恐惧

恐惧的初现

恐惧是一个最大情绪,决定人类随时随地的行动。它是控制世人活动、创造历史的情绪,是一切情绪中发生最早的。达尔文认为人的恐惧生于出生后的第四个月,佩雷斯认为是第二个月,普莱尔认为是第二十三天,因人而迟早稍有不同。

恐惧的生理

人在恐惧时,相比于忧愁时,随意肌肉会变得更为疲软,有时会作抽筋的震动。此外还会口音变粗,结舌,或完全不能说话。总之,随意运动的全部器官多少呈现风瘫状态。

随意筋同样会受影响。乳腺分泌、天癸及唾液分泌会停顿,还有口干、舌贴上腭、出冷汗、皮肤生粗粒、毛发耸立、呼吸停滞、咽喉紧缩等。脏腑分泌也受影响。

恐惧也会影响血脉运动器官。惧时血管收缩忽急忽缓,战栗、心猛跳、面色变白、心以外各处血亏。如刺激过强,可致风瘫,并可由风瘫送命。俗以"胆战心惊"形容大惧。心惊诚如上述,胆战还没有明确记载;但既是分泌器官之一,战栗(可作收缩解释)也是可能的。

面部皮肤除有其本色外,大部分的颜色都是血的颜色。这是因为心跳可以输血到身体各部。害怕时,由脑到心的神经几乎使心的跳动停顿。输入面部的血顿时减少,故现白色(即无血色,俗称无人色)。

如果一人兼具以上各种影响,可变得十分消沉,身心力量大减,只欲退缩,不想奋斗。其他种类的情绪也有使人受到这种影响的,但远不及恐惧厉害。生物学家说消沉之所以导致人退缩逃避,也是人类自卫天性的一种表现。这话对寻常恐惧而言或许是对的,但若在极端恐惧下,生死之关头,当做出攻、守、逃等行动,而此人这时偏呈现风瘫状——手足失措,身体不能做任何行动,呆立像木鸡,任凭灾难来侵害,这在生物学上又将怎样解释?达尔文曾提到本问题,但自认为难以解释。

当人恐惧时,血液最易变冷。战栗可以产生热量,温暖血液。

天生的恐惧

恐惧有天生和习得两类，以后者居多。小儿听见雷声便哭，但雷从未伤害小儿。失去支持也哭，但此前不必有跌倒的经验。无知的原始人类往往对黑暗、玄妙景象、不可思议的能力、邪术等不知不觉生起戒心，尽管之前从未遭其伤害，也没有看见他人遭其伤害。

成人恐惧多属后天习得。习得的恐惧源自想象——想象将来的危险。有人解释恐惧为"危险的预料"，便是指这一类恐惧。凡想象力不强或无未来观念的人，其恐惧心也不强。许多人因缺乏想象的缘故，毫不知惧。

恐惧的本来刺激

据华生的实验，恐惧的原始刺激只有失去支持和巨大响声两种，后者更为重要。使婴儿突然由他人手中落下，或所垫毡毯突然被摇动或拖拽，恐惧立刻生起。闻雷声或闻钢条相击声，亦是如此，此外不能观察到其他可使婴儿恐惧的刺激。婴儿对恐惧的反应是，呼吸突然受到阻碍，两眼突然关闭，两手乱抓，嘴唇起皱，有时继而会起哭啼。年岁较大的则会爬，会跑，有时还会隐藏其颜面部反应。至于婴儿怕黑暗、动物、带毛物品等，都由习得，非天性使然。

婴儿的情绪生活很简单，到了成年则日渐复杂。世上有无数人怕黑暗、火、血、蛇、老鼠、昆虫、生人、群众想象的鬼怪等——几乎没有一事一物没有人怕。这不足使婴儿害怕的许多事物，何以竟能使成人胆战心惊？华生等人为解答这问题做过不少试验，才知道一概都是习得所致。现在举出他们的一个例证以概其余。

一个两岁十一个月的孩子，向来不怕老鼠，而且还爱玩弄老鼠。一天，华生带一老鼠到他面前，等他左手快要触着这鼠时，背后预设的钢条砰然一声。这孩子向来是怕巨大响声的。听见了立刻做一猛跳，身体向前跌倒，把头向褥里埋藏，但没有哭。不久，孩子的右手触着这鼠，大声又起，孩子再跳再跌如前次一样，并开始哭啼。一星期后，突放鼠于孩子面前，不伴响声。孩子注视着它，最初没有想伸手去取的意思。把鼠移到和他更近的位置，孩子的右手开始做尝试抓取的动作。当鼠嗅孩子左手时，孩子的手立刻退缩。继而想用左手食指去摸这动物的头，没有达到接触便突然收手。足见一星期前所施的联合刺激——鼠和大声——是有效果的。

将木块置于孩子面前，孩子立即拾起，玩弄如平日一样。施以联合刺激三次，他都惊起、跌倒，但没有哭，继而单独将鼠置于孩子面前。孩子面起皱纹，哭啼，身体急向后退。又施以联合刺激两次，一次使孩子跌倒、哭啼，一次使孩子大惊、哭啼，但未跌倒。最后单独置鼠于面前，孩子立即哭啼，向左转、跌倒，四肢将躯干支起，很快爬走。这个孩子从此怕鼠了。怕鼠的情绪即由此建立于这孩子的身心内。

假使试验所用的响声加大，或被试者的体质不及这个孩子强健，则习得这种恐惧，只要施行联合刺激一两次就够了。

五天后，将鼠置于孩子面前，他照旧害怕。五次置木块，照旧玩弄。继而置兔一只，他竭力向后倾倒，哭啼、流泪。使他和兔接触，他向被褥内埋藏，爬走、哭啼。置狗一只，他的反应不及兔所引起的猛烈。狗离得更近，他想支身爬起，但没有哭。狗移去，孩子也安静。狗走近孩子的头，孩子立刻翻身、掉头、哭啼。置海豹皮衣一件，孩子急速向左退，开始烦躁。将皮衣贴近孩子左边，他立即转动，开始哭啼，想爬走。用纸包裹棉花，露其两头，放在他脚上。他用脚踢它，但没有用手抚摸。置儿手于棉花上，儿立刻缩手，没有由动物或皮衣所引起的恐惧。继而玩纸，避免和棉花接触。最后对棉花的成见渐渐消除。

一旁观者将他的头发置于他面前，他完全不理。两实验者再试，孩子忽然立即拿来把玩。将他素爱玩弄的圣诞老人面具于面前，他又明显拒绝。由此可见习得的恐惧，能不经由经验，直接移到许多相似的物品或动物身上。一种强烈的习得恐惧，往往能发生无数无理性、不可解释的恐惧，并可大大改变一个人的人生观。

家庭中上述境遇很多。各种习得的恐惧都是仿效前例而养成。那些卧房中常年不点灯且从不怕黑暗的儿童，因半夜偶然听见猛烈关门声或雷霆声，张目只见一片黑暗，转而非常怕黑暗的很多。见闪电即张皇失措遮耳逃走的人，最初并非怕见闪电，乃怕听和闪电并发的雷声，久而久之转而怕电。儿童有怕见父母、乳娘的，不必是他们的面貌可怖，不过曾受其虐待而已。又有怕见鞋和筷的，非鞋和筷能作怪，曾有人将它们作为刑罚的工具罢了。

看过《仲夏夜之梦》电影的儿童，在夜间有怕照面镜的，因害怕看见自己头上也长出两个角来（剧中有此情节）。在无人居住的岛屿上的飞鸟,第一次见人时不怕,所谓"初生之犊不怕虎"。

怕黑暗

怕某动物,某人或某物,诚如华氏所言是习得的。但怕黑暗也是完全习得的吗?我很怀疑。怕黑暗在古时或动物时代是很有用的。动物的仇敌(尤指野兽)往往在黑暗里等着他们,准备将他们吞食。如动物在黑暗里知道害怕,或知道叫喊起来,这对于他们的生存就有莫大的用处。生于现代的人遇见黑暗不一定有危险,但由动物遗传下来的这一类恐惧还不能脱掉。儿童怕黑暗,应避免在黑暗中乱跑,以致迷失。因怕黑暗而哭啼,可使父母知道去哪里寻觅。成年人在黑暗里多少也有些害怕,只是不肯说出来。怕黑暗并非真正胆小,可以说与胆量毫无关系。

怕响声

华氏虽指出怕响声属于天性，但他未说明这天性的来由。儿童都怕响声。有一点值得注意，他们所怕的往往是低音而非高音。儿童常被低音搞得非常难受，即便是在父母怀抱中、白昼里也是如此。即使这一类声音是父母有意发出逗孩子寻开心的，他们照样害怕。他们虽明知没有真正的危险存在，仍会恳求父母停止。假若我们想一想这种声音类似什么，就不难理解儿童害怕的原因。这分明就像野兽咆哮或叫吼的声音。怕这种声音和怕黑暗是一个道理：在动物或原始时代有适于生存的价值。这价值到今日虽早已过去，但天性还不能就此磨灭。

痛苦惧与厌恶惧

正常的恐惧不是起于身体上的痛苦，就是起于厌恶。前者可称为"痛苦惧"，后者可称为"厌恶惧"。痛苦惧从怕跌倒到怕患病，从怕针刺到怕死都是。厌恶惧又称为"假变态惧"，例如怕触、怕臭都是。

恐惧与厌恶

恐惧和厌恶有共同的功用，那就是保护生命，其表现也很类似。恐惧的表现是退缩、离开、逃跑，厌恶的表现常为呕吐。呕吐其实是逃跑的替代。胃囊不能离开所厌恶的东西单独在空间移动，只能把它排挤出来——物由人身逃出。

恐惧与体质

身体软弱的人胆最小，强健的人才配说勇敢，因为人所怕的是危险，免去危险的方法不外向前克服和向后退避两种，只有强健的人才能办到。人有多少体力便有多少胆量，壮年比儿童及老人胆大，男性比女性胆大，就是这个缘故。凡想加增胆量的人当从强身健体做起。体质强壮的人，其心也强壮。

男勇女怯的养成

男性以保护女性为乐事，许多女性也以接受这保护为愉快。保护人者不能示弱于人。喜人保护者不能不装出娇、柔，有"弱不胜衣""行一步可人怜"种种需人保护的模样。缠足、束腰、穿高跟鞋（包含旧式木底鞋），大约都是为助成这模样而设。文明男性以对女性让座为恭敬，以扶行为亲热，以偏袒她们为己任。文明虽是文明，无奈要养成男勇女怯的恶习。若能将这礼貌转而用在老人、儿童、病人身上，则更文明。

正常的恐惧

常人的恐惧不外三种，惧不知道的事物，惧事物的改变，惧公众的批评。三种都和守旧有关系。守旧是恐惧的必然结果。人对不明了的事物或起好奇心，或起戒心。只有起好奇心的人才肯研究、发明、创造、开辟新境界。起戒心的人不敢研究，不信任新知识，只以迷信代替解释。世上迷信都因此而起。动物和人对不能了解的事物都害怕。小山羊怕牛，小鸟怕男孩，野人则怕留声机器。愚昧是产生恐惧的源泉，知识是治愈恐惧的良药。

改变是习惯的反面。不惯见的事物须要特别注意。不惯处的境遇难以应付。改变之所以可怕即在此。老人的注意和适应能力特别薄弱，所以最忌改变。

与众不同的言论与行为最容易使人疑惑、批评、讥讽、反对。反社会的行为不必都是坏的，但社会则一概以"坏的"看待它。人因为怕舆论的缘故，许多理想都不敢说出，更不敢实行。实行的人将被呼为"怪物""疯人""叛徒"。为改革政治、宗教而牺牲的，历史上不知有多少。恐惧阻拦人的活动，尤其阻拦维新运动。

变态恐怖

凡众人不怕之事物而某人独怕，众人稍怕之事物而某人特怕，且无法制止，这种恐怖叫作"变态恐怖"。可分普通和特殊两大类。普通者随时随地都可发作。患者怕一切物，或由此物转怕他物，一天更换几次。特殊者非则只特定境象发作。人因特殊遭遇，可对任何景象发生变态恐怖，所以这类名目很多，可再分五类：

（1）疾病类，例如非常或无端地怕痛、羞、疾病、言语、高声、静坐、起立、步行、工作、睡眠、便溺、剪发、剃须、死亡等。无端说自己没有胃囊，因此不思饮食；说自己的两腿是玻璃做的，因此不敢行走；说头上顶着一个大瓶，时刻担忧那幻想的瓶坠落。

（2）无生命物类，例如非常怕雷声、彗星、彩虹或其他天象，怕强光、色彩、暗影、黑夜、血污秽、水、火、金属、碎玻璃、书籍、毒物等。清人白镕的母亲邓氏素来怕雷，以致白镕每到夏秋多雷的几个月，日夜在他的母亲床前服侍，不敢离开。清人是镜的母亲也怕雷。是镜听见雷声常半夜起来跪在母前，安慰母勿怕。可见这两位母亲恐惧的程度。英哲学家培根见日食、月食屡次晕倒。列子书上记载一杞人，怕天崩坠，无处躲藏，而废寝忘食。我相信真有其人，不一定是列子虚构的。德皇凯撒好洁净，恶污秽，怕和宾客握手。米南宫也怕脏，客人走了必定洗刷其坐榻。梁人何佟之每天要洗涤十几遍，还嫌不够，人称他为"水淫"。某青年每闻礼拜堂钟声，则面容惨变：因为他曾亲闻他爱的人和别人在礼拜堂结婚时所敲的钟声。唐明皇怕听霓裳羽衣曲,读过《长恨歌》的人都知其原因。

（3）有生命物类,例如怕一切大小的有害无害的动物,或专怕某种动物（猫、狗、蛇、鼠、昆虫……）,男人或某个男人,女人或某个女人,陌生的客人,裸体的活人,雕刻或画像,群众,孤独等。某美国著名新闻学家害怕演说,憎恨群众。曾有一整年没有离开他的住所半步,脚不敢踏在行人道上。许多年不进戏院,不肯赴会。不敢到任何公共场所。宋人范廷召天生厌恶飞禽,看见了便射,到弹尽为止；尤其不喜欢驴叫,听见了必去杀之。三国焦先每次出门一看见妇人便隐藏起来,等她们走远了才敢出来。假若他生在今日,一定足不出户了。北周萧誉怕见妇人,相隔几步,便说闻到了她们的臭气,这叫作畏妇症。

（4）境遇类,例如怕高地（山、楼、塔）旷野、大厅、空中（怕乘飞机、气球乃至电梯）、虚堂、地洞、严密所在、新环境、新事物、老家铁路、车辆、桥梁、登台（上场即晕）等。大抵遭遇过火车出险的人怕铁路,几乎被水淹死的人怕水、船、舟子。法国哲学家兼数学家帕斯卡尔除非有人扶抬他,否则不敢靠近深渊走,因为他曾在某桥遇险。俄皇彼得最怕过桥，因儿时曾有一次落水经历，几乎被淹死。汉灵帝不登高，春秋高柴不敢踏自己的影子，我知道有某青年因革命嫌疑被捕，换监狱数次，都是用汽车载去（当时押送政治犯赴刑场也有用汽车的），释放以后怕乘汽车。

（5）观念类，例如无端怕犯罪、过失，怕各种鬼神、窃盗、凶兆，起各种迷信，怕被人暗算、活埋、下毒药、挤死，以及其他幻想的危险。更有怕者，即怕他人之怕，例如杞人忧天，又有忧彼之忧者。这最后一种病症在变态心理学当中叫作恐惧症（Probophobia）。

变态恐惧的起因

变态恐惧都源自以往的特殊遭遇。凡特殊遭遇必留深刻印象。这些印象对富于理智者来说，不过是一些事实的记录，冒险的谈料。对富于情感者来说，则每次回忆起，昔日经验都会再次出现。对遇任何事都非常害怕的人（即患普通变态恐惧者）来说，则成为永久状态，可由联想随时唤起。弗洛伊德说特殊变态恐惧，最初都属于普通变态恐惧，特殊境象是随后关联上的。

特殊遭遇有能追忆的，也有完全不能追忆的。大抵过去时间愈久，或发生在幼儿时代的，愈难追忆。那些不能追忆的，人们则会认为是奇异之事。迷信家便拿鬼怪邪说来附会。法国心理学家莫索曾问某将军平生最怕的事。某将军回答："我今年七十岁，出入战场不知道少次，所遇危险也不知有多少，但终不及我某次经过某深山一孤庙时所经历的恐惧。因为儿时在这庙里曾见一被杀的男性尸首，不久我家女仆就恐吓我，要把我和那尸首同关在这庙内。事隔多年，想不到还是这般害怕。"这是能追忆的遭遇。又有法国语言学兼年代学家斯卡利杰尔，每见水芹则浑身战栗，法国哲学家拜耳怕听流水声，英皇詹姆斯一世怕见没有鞘的刀，其起因各人都不能追忆了。常人得这一类病症的很多，因没有人代他们记载，所以没有流传。

怕血

人有见血很不舒服，甚至晕倒的，这很难解释。血是生命，极为宝贵。人何以怕见宝贵的东西？有人说血使人想到痛苦、毁伤、杀戮，所以怕它。但儿童很少有这种经验，但他们怕血并不比成人少。有人将怕血归咎于遗传。但原始人类都是好斗而不怕血的。又有人归咎于体质的衰弱，但据格林才的记载，也有身体极强而见血晕倒，神经衰弱反而平安无事的。

不知怕

人有当生命危急时反不知害怕的。士兵出征时多胆怯，但亲临前线真正参加战斗时，反置生死于度外。囚犯赴杀场，沿途谈笑歌唱自若。烈士就义之前，从容草遗嘱，作绝命诗。法王路易十六被群众围困、命在顷刻时，对左右说："我怕吗？请按我的脉搏。"

疑惑

最小的恐惧是怀疑，最大的恐惧是遇着洪水、猛兽、烈火、敌兵、地震、瘟疫或其他可立刻致死诸灾祸时而起的慌张。这两极端中间还有无数等级。每极所生的生理变化不同。费尔曾用猫头鹰、蛇、假造的妖怪做刺激，另以记波器记录被试者的细微肌肉反应，结果显示，刺激不同则肌肉反应不同。

相信容易怀疑难，没有经验、知识和思想的人不知道怀疑。告诉儿童圣诞老人是由烟囱下来，告诉野人打雷是上帝在发怒，他们都信以为真，直到有了充分知识以后，才开始怀疑。

疑惑之中又分等级。有人尽信书，信一切谣言；也有人疑心多，对任何人、任何事都不信任。有时连自己也不信任。变态人中有不信自己有脏腑的，所以拒绝饮食。

两性在恐惧上的差异

儿童不分男女都非常胆怯。成人则女性远比男性胆小些。在无知识阶级内这区别更显著。大惊小怪几乎是女性的家常便饭，可在任何意外情况下发作。老鼠、蜘蛛、外来的狗和猫，以及其他无数对男性来说毫不在意的刺激，都能使女性叫喊、逃避、张皇失措。据某年俄国小学儿童自杀统计，女学生因犯校规畏罚而自杀的,几乎占了女学生自杀人数的一半,男学生则不到五分之一。

恐惧与精神病

受惊吓是女性及儿童得精神病的普遍原因,男性则不然。譬如癫痫,幼儿因上述原因而得者,男女一样多。在成年当中则女多于男。二十岁以后在女性方面还有得的,在男性方面几乎绝迹。又如舞蹈病(患者做各种奇怪运动,好像跳舞),四分之三都起于惊吓。女性患者多于男性三倍。二十到三十岁患者几乎全是女性。总之,女性所患的各种精神病大都起于情绪的扰乱,男性则另有原因,或另有病症。

勇怯一人兼有

没有一个人对一切事物都是胆怯的,这种生活谁都受不了。也没有一个人能免去一切恐惧,每个人都有他特别害怕的事物。工人怕失业，商人怕破产，农夫怕天旱，学生怕大考，富人怕绑票，要人怕暗算，名人怕流言，小媳妇怕公婆。勇于此者怯于彼。猎夫不怕野兽，也许怕"家鸡"。将军不怕刀枪，也许怕"笔伐"。演说家能完全镇压容易暴动的群众，归家却噤若寒蝉。生产是一件极痛苦极危险的事，但孕妇步入医院时，充满愉快之情。醉酒是一种很烦闷的经验，但嗜饮者则连续畅饮不止。

恐惧适应

恐惧也能适应。凡事习惯了就不在乎。惊涛骇浪之时，旅客大惊失色，船夫却视若安澜；峭壁悬岩，行人不敢前行，樵夫却步同平地。贪官不怕骂，赌徒不怕输；出入沙场者不畏死，专办诉讼者不怕烦；饱经忧患者不避艰苦，阅尽沧桑者不惊世变。

恐惧的控制

免除或减轻恐惧的方法很多，最有效的是以身作则，为恐惧者做个表率。儿童见奇异景象，例如偶像、花脸之类，不知道怕，只会一脸疑惑；遇意外，例如跌伤、流血之类，也不知怕，只是稍觉痛苦罢了。这时父母若现出不悦或惊慌状况，儿童态度立刻改变，不是逃跑，便是啼哭。行船遇着大风，船工面无人色，使船覆没的或许不是风，而是乘客的惊扰。东晋谢安少年时和孙绰等渡海，遇大风，众人都变色，只有谢安仍旧吟诗，谈笑自若，领袖往往这样镇定。强自镇静可壮他人胆量。医师、将官及一切领袖，都应当抱这态度。

其次，将能满足本性的事情和可怕的境遇结合，也可破除恐惧。长虫可怕，今为研究他的生理，或可手持一条而解剖之。飞渡大西洋，探南北极，都是冒险的事，但一想到成功后的荣誉，便欣然前往。恐惧的根本解决，仍在扩充知识，激发理性。迷信是一种较大的恐惧。愚人的迷信特多，所以怯懦特甚。科学昌明，不仅可破除迷信，并可增长胆量。

达观也是克服恐惧的一种方法。把人生当作一种冒险的游戏，则恐惧可变为惊喜、击打、斗剑、赛马、猎虎、攀峻岭、游海峡等,都是极可怕的活动,但参加者毫不介意,反觉趣味无穷。冒险为什么有趣?正因为有恐惧存在。以冒险的精神应付恐惧,恐惧鲜有不被克服的。

第九章

自觉

自觉的种类

人有自觉心，分积极和消极两种。凡自觉力量比他人强的，起积极自觉，反之则起消极自觉。前者又会生出自尊心，即俗话所谓的骄心；后者生自卑心，即俗话所谓的虚心。两种几乎是人类的专属，不像恐惧、愤怒、喜爱等情绪，人和动物都有。自尊和自卑大约会在三岁时生起——除性欲外，比任何本性的发生更迟。人必先有自我观念，然后才生自觉心。儿童最初没有人与我的见解，不能做内省功夫。他们从来不和人计较力量，所以由此引出的一切情感概不发生。到了后来和他人游戏、角力，才察觉自己的体力和他人不同——或胜过或不如。后来又察出自己的容貌、衣服、饰物、住宅、家具、亲属，都有与人不同的地方。最后又察觉自己的智能及靠智能获得的名望、权威、财富等，都和他人不同。人的气势也就随之不同了。

自觉的生理

积极自觉可使身体活动。其生理表现是，呼吸深入，胸膛扩张，姿势向外向前推进，头和躯干比平时更直立，步履稳健，口紧闭，牙齿固封。那些有自尊狂（心理病的一种，详见下文）的人表现得更厉害。

消极自觉压迫或减少身体活动。其姿势向内，头下垂，腰弯曲，总而言之，和积极表现恰相反。源自对自己软弱无能为的认知。

自觉是形成许多杂情的元素

积极自觉一方面和喜乐有关，是最活泼的情绪；一方面和愤怒有关，也是组织轻视、侮辱、残害等挑拨活动的元素。虚荣、功名、竞争、勇敢、自信、果断都含有自尊成分。

消极自觉一方面和忧愁、一方面和恐惧发生关系，是组织、忍耐、胆怯、服从、吝啬、犹豫等自卑心理的必要条件。

自觉的利益

正确和有节制的自觉，于个人社会均有裨益。积极自觉使个人勇往直接，不轻易放弃。消极自觉使人知难而退，不做非分要求。应积极时却消极，便是妄自菲薄，应当消极时却积极，是谓妄自尊大。

自觉的来源

自觉虽源自人的自私自利之心，但并非演化为半博爱或半社会性质后就不能发达。人不能一味自抬身价，不顾社会的批评，更不能一意孤行，不顾周围人的意见。所以善于自尊的人必先适应环境。自尊有益于社会之处即在此。儿童对于他人的评判极容易感觉到。原始人类则完全囿于风俗、惯例、因袭、成见之中，所以深知破除这些是自觉于群众。

无节制的自觉

没有节制的自觉最容易变为狂烈的、反社会的行为。一切情绪都可因此演变，但没有像自觉的演变那样有明显的规律。自觉不加约束，可无限制扩充；好像动植物听其自然，可无限繁殖遍布全球。这种扩充只能以与他人的同样扩充去限制。专制国家的帝王何以多暴烈强霸？因为他们所处的地位允许这情绪自由发展。人的心愿愈满足，发展这心愿的念头也愈迫切；阻碍愈少，克服这阻碍的意志便愈薄弱。此就是为什么凯撒、俄皇伊凡大帝、秦始皇、成吉思汗的行为到后来都发展到不可收拾了。

自尊狂

过于相信自己的能力叫作"自尊妄"，其极端为"自尊狂"（前名作者拟，后名旧有）。一切情绪走到极端则变相，唯自尊从不失去其本来面目。自尊狂是积极自觉之病，不是专家也能辨明。

自尊狂初起时常要经过一段不痛快的时期。患者对人狐疑满怀，疑人陷害自己、妒忌自己等。起初不专指什么人，继而可以察出是谁（其实也是误察），则以全神萦绕于某人，没有别的事能分其心。继而又想，他们为什么要陷害我、妒忌我呢？必是我的才力大有超过常人的地方，我的地位远比常人高。于是便以埋没天才、落泊英雄、退隐仙人、未来百万富翁，大发明家，先知、圣人、教主、皇帝乃至天子天神自命——可谓狂妄到极点了。湖南长宁县最近捉到一教官雷某自称"国长"，私自刻制国玺，广封中央大员，致书荷兰女皇，即属于这一类。

我国患这种病的人除妄称某某再世以外，还会假托一种名贵动物、植物或矿物以自重。不说他是龙凤、麒麟或猿猴脱胎（按猿猴是人类的始祖，上古皇帝的相貌常被人画为猿形，后世迷信者便以猿猴为皇帝的像），就说是某花的化身（患者多为女性，大概是中了小说的毒），某星降世（将帅有以星宿自比的，某星陨落，便是某将要死的预兆），真是不值一笑。

自尊狂也有两性的差异。大抵男性喜以威武自诩，女性喜以虚荣自诩。男女平日的心性已有这差异，"狂"的意思不过是平日心性的过度发展，其本质并没有改变。

自卑狂

自尊狂的反面是自卑狂，即极端的消极自觉。其最明显的表现是自杀。自杀也是一种难以抵抗的冲动，往往与杀人的冲动并行。患者杀人和自杀的念头轮番占据优势。莫西里的《自杀论》提出一条定理："一国或一时代的自杀率常和杀人率成反比例。"意谓犯自杀的人愈多，犯杀人者则愈少，反说也对。莫氏曾百思不得其解。若使莫氏知道自杀的心理机制，就不难理解了。因为自杀和杀人同是极端消极自觉的表现，所不同者只是其途径。假如某国某年内有一千人极端消极自觉，其中八百人走上自杀之路，则走杀人路者必只其余二百人。怎样选择，并无一定标准，多半随当时吸引力最大、阻力最小的方式去做。有人于登高山或临大海时忽然自杀，而出发时并没有这念头。这种人除了平日有自杀倾向外，高山大海实在是吸引力最大、阻力最小的境地———一跳万事都了。事前既无须周密预备，临时又没有人看见，因而劝阻，且事后或许永久没有人知道，可免去收殓追悼等无益于死者的举动。

自杀与自卫

人和一切动物都有自卫、生存和延长生命的天性。这是从古到今人人都知道、无人能否定的事实。自杀则和这天性相反。它不仅是理论的、口头的或片面的相反，也是实际的、行为的及绝对的相反。并且这种生命的牺牲不含任何高尚作用，例如尽忠于亲友、信仰、国家、人类等，只是极纯粹、极简单的克己，以解脱自身为目的罢了。这样说来，自杀岂不是人间最离奇的行为吗？其实不然。自卫虽是天性，但各人自卫天性的发展程度不同。有天性乐观，对生活极饶幸味，因而能抵抗一切困苦灾难的；也有天生悲观，自卫本能异常薄弱，可最小打击击垮的。自杀代表最薄弱的自卫性，是消极自觉的极端。

考虑的自杀

有经过考虑的自杀，也有凭一时冲动的自杀。考虑和冲动是两种极为不同的心理状态，竟能产生同一结果，也是一件奇事。

第九章 自觉

考虑的自杀包含自卫的天性和痛苦情绪（不可救药的疾病、灾难、忧伤、事业失败、耻辱等）的心理。痛苦常是身体毁坏的起点。考虑就是要解决身体长期的局部毁坏和短期的整体毁坏该选哪个的问题，两害相权取其轻。自杀者就是认定短期全部毁坏为害较轻的人。至于其认知是否正确，则是另一问题；但本人既认为对，则随后的实践也是合理的。

自杀是消除痛苦的行为，这从狂怒行为中也可窥知。发狂怒的人往往自掌其脸，用自己的头撞柱，倒地打滚，或割裂其身体发肤。他无非是想拿身体的痛苦来遮盖或占据心理的痛苦罢了。自杀不过比割裂一部分身体更激烈些。其目的不止在使痛苦减轻，还要将它完全消灭。

冲动的自杀

冲动的自杀近乎反射运动。每次遇见同样情境发生，例如梦中行走（梦游）、酒醉昏迷、经期之类，自杀的念头即再起一次，自杀的闹剧复演一回。

冲动的自杀较难解释。患者会突然服毒、悬梁、抹颈、投河、从楼窗跳出。有时对死也预先计划一番，但通常都是不假思索，完全受一时冲动的支配，没有力量可以抵御。从旁人看来，这种举动似乎毫无理由或动机，其实不然。冲动的自杀只在忧郁田园中滋生。起于看不见、潜伏、无意识的机体活动。其由来也是渐渐积累形成的，不到暴发时他人不会察觉。好像患癌症的人，往往患病后二三十年毫无察觉，到最后变得严重、妨碍身体机能时，才开始重视，但往往已经来不及医治了。经过考虑和只凭冲动的自杀同是慢性破坏过程中的最后表现，只是一种心理原因，一种是纯粹机体的原因，一种能明显感觉，一种不能罢了。

杀人是破坏的表现——不能破坏别人则破坏自己，或不愿破坏自己则转而破坏他人，所以自杀和杀人往往交替发作，两方发作次数通常成反比例，相加则通常保持一定额数。

遗传的自杀

有遗传性的自杀。祖先在什么年龄自杀、怎样杀法，子孙不知不觉也在大约相同的年龄采取同一方法自杀。

第十章

爱

儿爱

爱有很多种，有儿童的爱，成年的爱，两性间的爱。儿童的爱大半就是喜乐。华氏认它是严格由遗传引起的三种情绪之一（另两者为恐惧和愤怒，是否还有其他种类的严格遗传的情绪，华氏也不能确定）。儿童第一次出现喜乐，无一定日期。达尔文说出生后第二月可见其标志性的表情——微笑，但更确定的喜乐发生在第九月，佩雷斯则说在第十二月。

引发喜乐的刺激是抚摩皮肤，撩拨、轻摇或轻拍其身体。其反应随婴儿当时情形而不同。如正当啼哭，则转哭为微笑。稍大的儿童则出声笑，更大者则伸出两手作成人的拥抱姿势。

儿童的爱首先向其母亲或乳母表示，母亲是儿童的快乐源泉。原始的爱只对供给快乐者而发。母亲爱儿童也是如此。

母爱

　　成年的爱可分慈爱、友爱和仁爱三种。慈爱不是人类独有，它也是生物界最普遍的情绪。麦独孤把它列为七种原始情绪之一（见第二章），只有最低级的动物缺乏这种天性。动物的等级愈高，慈爱愈发达。工蜂为稍高的动物，已知道照料其小蜂。在脊椎动物中，这天性已明显发达。鱼知看守其卵，驱逐能毁坏其卵的仇敌。鸟有营巢本能，巢为护卵而造。如卵被盗，甚至被摸，鸟即舍弃其巢。这天性到人类则发达至极：无数母亲的全部精力和时间都耗在抚育其子女身上，甘心为其子女受尽折磨、痛苦乃至死亡。母爱在人类生活中尤其重要，因为人类的婴儿时期比任何动物都长，须要其母的抚育和保护之处最多。

　　世上有杀害婴儿的人，这种人好像完全缺乏爱子女的天性。其实这种事多半发生于产后数小时内，在尚未对子女产生概念、唤起母爱以前。母亲往往不要看见她将要舍弃的婴儿，而做此事的动机通常在于使之前所生的子女得以养活——这仍旧为慈爱。

　　慈爱的刺激是自己的孩子，尤指弱小的婴儿。儿童年龄愈大，激发母爱的力量愈薄弱。那些爱大儿胜过小儿的，必另有原因，非本性如此。大儿或较美丽，或更能服从。儿过大，则爱孙。"抱孙欲"不知促成多少子女的早婚。成年而无子女者当爱他人的子女，或爱一弱小的高等动物。也有将这爱推广到一般人的，这叫作仁爱或博爱。

爱子之情母远胜于父，古今中外各种族莫不如此。母见其子为自身分出的一部分，爱他等于爱自己。又认其子较自己更有希望，所以爱他常胜过自己。父子间没有这明显的肉体关系，故难产生像母亲一般多的爱。

父爱

有人说人类天性中只有母爱，父爱纯出于勉强。其实父爱也很自然，不过与母爱相形见绌罢了。或者既已有热烈的母爱，父爱便无大用，不到无母或危险时则无表现的必要。患难是爱情的试金石。子女患病，父亲难道不管？路上带领小孩讨饭的不只是母亲，冒死救儿的事通常都归功于父亲。在离婚法庭上争夺子女的事，夫比妻往往更激烈。至于教育子女，为子女择业以及择偶的责任，父亲更乐于承担。可见父爱已经理性化，母爱还处在冲动阶段。

孝

父母对子女的爱是先天本有的，子女爱父母的情绪则属后天习得。若听其自然，子女对父母即便不忤逆，多半也是冷淡，此种情形在不注重孝道的西方各国随处可见。我们的祖宗很早就知道这道理，曾用全力提倡孝道。孝道是我国几千年来教育的核心。作者曾统计旧日最有势力的一部教科书《四书》中讨论孝道的次数，共发现四十八次；讨论慈爱只有六句，散见于各章罢了。因为先贤深知孝道非教不可，慈爱则不学也能，用不着常提出讨论。孝道在今日已经不像从前那般注重，欧美看父母像陌路人的风气，逐渐传到中国来了。

报恩

父母是施恩者，子女是受恩者，以常理而言，受恩者应当更加愿意和施恩者亲近，其实不然，施恩者反而更加愿意和受恩者亲近，其程度不下前者的数倍。不单在父母子女间是这样，凡是有施与受关系的人中莫不如此。因为施恩的意思，是要把自己一部分精神和物质寄托在他人身上。受恩者无异于是我的延伸物，我哪有不想念他的道理？受者既从未以任何事物寄托于施者身上，还期望他对施者终身不忘，实在是一件难事。天下无数忘恩负义的事，都可如这般解释。世上只有栽花的人最爱惜花，对他人手栽的花，我至多只做欣赏。报恩和孝敬父母都非自幼切实教育不可。

如果我们感觉到对素来愿与亲近的人忽然产生厌恶，且唯恐因此与之决裂，则补救的方法莫过于多献殷勤。殷勤也许不足以使受者心回意转，但至少能减轻施者对受者的恶感。凡存心拒绝他人一切恩惠的，亦将受他人的冷眼和怨恨。

友爱

动物有乐群天性,人类更是如此。友爱便是伴随这天性而生的情绪。群居则快乐,离群则寂寞。被社会弃绝最痛苦。所谓"独乐乐不若与人乐乐,少乐乐不若与众乐乐。"

一般说城市起源于人类对生命安全和交易方便的追求,哪知道暗中还满足了人生一个大欲望——群居欲望。有许多人明知道住在乡下比住在城市节省、舒服,而且他们的职业也没有住在城市的必要,却仍愿挤在城中。没有别种缘故,爱热闹罢了。试想,若是邀请许多明星到舞台演戏,台下看的就只你一人,我料你不到半小时便感觉不安,急忙要逃出来。他日某校开同乐会,表演者无非几个学友。等君到时座位已满,后面还站着许多人。我料你定将挤在人群中伸长颈项,提起脚跟而望,哪怕三四小时也不倦,结束后还在门外徘徊,不到观众全散不走。没有别的缘故,人看人罢了。那些选择星期日去游公园、购门票去看赛球的,都是这种心理。

仁爱

十八世纪哲学家有竭力否认仁爱是人类天性的。他们说母亲爱子女，是希望子女将来行孝，是一种自私自利的行为。岂知最下等动物也有母爱子、为子牺牲的事实。若在高等动物，除去性爱外，还有爱同类乃至异类的。"兔死狐悲"或许并不常见；但老牛舐犊、母鸡照料小鸡、母狗看护小狗，则为日常能见之事实。试问动物这种行为果真贪图些什么？一般人（不必是受过特殊教导的信徒或慈善家）施恩于噘嘴的灾民、患难中的仇敌、囚犯，甚至毒兽，又希冀些什么？自私自利的仁爱不能解释这些人的行为。越人视秦人的毒疮或不关心，假使他们有机会看见邻国的天灾人祸，必有动于心。赈灾会和红十字会的精神就在不分国界，一视同仁。心甘情愿为国捐躯的无名英雄，古今中外不知多少。无论将来由他们一手缔造的幸福怎样美满，自身终究不能享受，何况欲造的幸福未必一定能获得。

若一一计较得失，天下义务事业还有什么人肯做？总之，恻隐之心，人人都有。每个人发展的程度不同是可以的，说人根本没有这天性就错了，不仅爱的发展各人程度不同，人的一切天生的倾向莫不如此。仁爱是组织性爱、赞扬、尊敬等杂情不可缺少的元素。

仁爱的生理

仁爱生于同情，别于一切自私情绪。其生理状态近于喜乐：循环和呼吸加快，但不及喜乐时所加的多。这时两眼发光，便是循环加快的明证。各种分泌也有加增，尤其是女性的乳腺分泌。泪腺分泌加增则比较难以理解。仁爱何以能使两眼潮湿？人类流泪的原因很复杂，有时互相矛盾。它既可由心理的状态（例如忧愁、喜乐、爱）唤起，也可由纯粹机械的或生理的刺激（例如刺激结膜、咳嗽、呕吐）引动。达尔文曾考究婴儿因惊吓、疼痛、愤怒而发出的尖锐呼号，发现这时眼内脉管充血，以致眼眶肌肉收缩（为保护眼球，不得不如此），于是影响泪腺，产生反射活动。呼号压制以后，泪还流落不止。人在忧愁时循环迟缓，所以忧愁的初期往往无泪。这些都证明血压直接影响泪腺分泌。适才说过仁爱加快循环，所以流泪也是其自然结果。

眼泪减轻痛苦,扫除人眼的外物如灰尘、小虫等。泪时两眼模糊,遮蔽一切凄惨想象。

性爱

性爱是一个人最晚发育的情绪,远比其他情绪重要,但大多数心理学家对这一主题都不详加讨论。甚至有著书多卷而无只字谈到的。岂是本题过于微妙,不可随便讨论,还是认为被小说家研究无余,无须再多谈一句呢?或是认为亵渎,不愿污损纸笔呢?如果是这样,就未免太重视小说资料而失去科学家的态度了。

性爱的生理

性爱为进化最完备的情绪,其生理和心理的表现很难指定。由冲动性质的爱到理智化的爱,其间有各种形状,各种表现。

性爱包含喜悦和慈爱两种情绪,所以它的生理表现也和这两种情绪有相似之处。循环和呼吸加快，有时增加太快，以致影响其他机能。有互相吸引、互相抗拒等动作。手触、依偎、拥抱等，是其较猛烈的吸引动作。性器官也会有所骚动，强弱不等。性欲的神经中枢很难认定，已指明的只有脊髓腰段第四节，此枢被认为是控制性欲各种活动的中枢。割去下等动物的大小脑，此枢的作用仍旧。也有认为脑底的神经节附近为第二中枢的，但不能指定具体在何处。此枢和视觉嗅觉两中枢相关联，视觉嗅觉与性欲活动关系密切，或许就是这种原因。更有认为大脑皮质是第三中枢的，但也不能断定它是在皮质某部，或是散布于全皮质。有人认为是在头的后部，靠近嗅觉中枢，但很难证实。仅就人类目前确实知道的来说，性官受刺激，首先传到脊椎中枢，由此处反射于脉管、运动和分泌神经上，然后达于大脑皮质，从而产生意识。中间要经过另一中枢与否，还有待进一步研究。

性爱的演进

性爱的演变可分本能的、情绪的和理智的三个时期。生物界中,性欲在很早的时候就已相当发达。即使是缺乏神经系的动物,甚至原生动物也有。纤毛虫将传种时,互相追求,用纤毛相触,紧贴其身,仿佛最高等动物的偎傍,后又离开,以便追求如前,反复若干次方行交合。有时连演几天才得一交。德儿伯夫坚持认为,性欲两原质——精虫与卵——的互相吸引状态,很像异性两动物的吸引,不过规模大小不同罢了。青年男性向女性的追求与精虫向卵的追求,属于同一本能作用,受同一自然律的支配。

也有否认以上心理的解释,而以化学吸引或机械程序解释的。譬如隐花植物的雄精,则可由数种化学物质吸引。这种说法虽也有其道理,容易得到机械论者的赞同,只是现有的证据太少了。

本能的爱

性欲在第一期内,不过是性觉(由生殖器官而生的内部感觉)或皮肤、视、嗅等知觉,与达到性欲目的诸动作的关系,和其他本能一样,并无伴有丝毫恋爱感情。目的既达,就会分离或遗忘。有时不仅冷淡，且仇视对方。蜂后会置曾经和他发生关系的雄蜂于死地，认为无用。蜘蛛配偶以后，雄者常被雌者吞噬。动物如此，人类当中有类似情况的亦不在少数。虐待、遗弃、讨妾、重婚、妻骨未寒的续弦，蜂的残杀、蜘蛛的吞噬，在程度上或许有差别，其无情无义却同属性爱的第一期，即本能时期。

恋爱

带恋爱的性欲代表高一级的进化。性爱在人类中，尤指在文明人中，异常复杂。除性觉外，还有美感、慈爱、友谊、赞扬、尊重、敬畏、自尊、同情、爱占取、爱自由诸复杂情绪。

恋爱与美感

美丽的身体是性爱最重要的条件，幸好各人的标准不同。瘦燕肥环，各有为其倾倒者。《淮南子》上说过："嫫母有所美,西施有所丑。"假使美丽有固定标准,人人用规矩绳墨去求,好像画家选择他们的模特一样,则爱情将为极少数人专享了。围绕美丽而起的有种种快乐观念,最使人动情。

性爱与慈爱及友爱

母子、同胞、朋友间的爱,在男女间不但存在,并且无限加浓。夫妻相恋,常采用父母对子女的语言、态度和方式。西人直称其恋人为 Girl 或 boy,已婚者为 child、kid,甚至为 baby,不问这 baby 的年龄比寻常 baby 大多少倍。一般夫妻生子以后则稍减其相爱之情,所减的似乎是慈爱成分。

性爱与赞扬

赞扬、尊重、敬畏,都是富有动力的情操,能使爱人愉悦甚至兴奋。世人对于自己所真正钦佩的人,不但愿以终身事之,并且喜欢逢人宣传。宣传可得他人的同情,也可得其妒忌。无论所得是哪一种，都足增加其人的愉快。人为什么要称其爱人为世上第一可爱的人，并说爱之胜过世上一切？其最大原因乃在充分满足其赞扬欲望。

恋爱与自尊

有意进行求爱，或敢与情敌竞争，都是自尊心在背后策动。若得到胜利，这自尊心便愈加满足。世间有对异性友人原本极为冷淡，因见有他人加入竞争，忽然变为十分热情的人。其意并不在追求理想伴侣，而在打倒情敌。他为什么要同某人结婚呢？因为恐怕被他人得去了。自尊心有时竟胜过性爱本身。狡猾者常利用此点，故意广交异性，以便日后的操纵或玩弄。玩弄人也是自尊心的一种表现，这里则不惜假借性爱以行之。世上有无数男女看不清这一点，日日做他人傀儡还不觉悟。大凡异性朋友愈多，愿与之结交的必更多，起初也不会问有多少结交的价值。因为竞争愈激烈，得胜以后的愉快也就愈大；知道的人多，同情和嫉妒者也愈多——都是自尊的念头使然。许多名媛、明星及其他凡有机会在社会上露面的角色，自身毫无可取,都能得到无数追求的人,也是因为这个缘故。反之,那些小家碧玉,姣好不让他人,因为默默无闻,却常年无人过问。由此,足可见单纯的性爱有多么难得。

性爱与占取

占取,或据为己有的快乐,也藏于复杂性爱之内。从前只有男性享受这快乐。女性须住在男家,从男家姓名,子女一律用父姓。现在互相享受,男女另外组织家庭,唯改换姓名的风俗则依旧。

性爱与自由

性爱给人以无限自由。情笃的伉俪不守秘密,不拘形骸。对外人甚至对至亲、良友都有不可超过的界线、必须遵守的礼节,使人处处感觉不安。唯在相爱的夫妇中间无须顾及这些事情。凡欲享受真正自由幸福的,要向这里寻求。很难得到他人理解的各种私欲，往往可在闺中知己中得到赞同。她可以帮东莱著书，也可以助秦桧卖国。

理智的性爱

性欲在第三期内为理智的、神秘的、柏拉图式的。柏氏曾创脱离肉欲的恋爱。本能的性爱为纯粹肉欲的，情绪的性爱为肉欲与精神混合的，理智的性爱则为纯粹精神的。精神恋爱不仅见于个人，有时也见于社会特殊组织，例如欧洲封建时代的武侠制（以 Geoffrey Rudel 和 Lady of Tripoli 的相爱最具代表性），又如十一到十三世纪末法国南部及意大利北部的抒情诗派，普罗旺斯的"爱情公所"（Courts of Love）等，都曾主张，真正的爱情不能在婚姻内存在，真正的爱情应当避免一切同居；以柏氏恋爱为高尚，以带肉欲的为亵渎；高尚恋爱非感觉所可比较云云。毛诗所提倡的"发乎情，止乎礼义""好色而不淫"便是属于这一类。我国更有一种超精神的恋爱，就是不忘情于死去已久的配偶或爱人，那些纯粹出于自动的殉情和守节，便是其明显表现。不过这些纯洁牺牲是极其难得的，一般的殉情和守节，无非中了礼教的毒。就是高倡柏氏主义的人，也未必都是出于真心。他们往往在情场失意以后倡导精神式恋爱，分明是失恋的反动。假若他日境遇许可，难免不再堕入肉欲之中。因为只能想象不能感觉的爱太干燥无味，不近人情，违反天性。第三期性爱是退化不是进化。

性爱与感觉

性爱不仅包含上述各情绪，还须满足各感觉。除性觉外，视、听、触、嗅，莫不牵涉，甚至气候感觉也加入助兴。"翠被不暖""寒衾谁温"不是离别夫妻描写其孤独生活的陈词滥调吗？性爱的作用可真多，还可作大暖壶用。"温柔乡"是形容整个性生活的名词，试分释这几个字，当更知肤觉在性爱上的重要了。

同情

同情是对于别人的遭遇在感情上发生共鸣，它是一切仁爱的根本、道德的基础。社会缺了它不能成立。

生理的同情

最早的同情是反射的、自动的、无意识或稍有意识的。看见他人有何身体行动，我也不知不觉仿效：他人笑，我也笑；他人打呵欠，咳嗽，我也随着打呵欠，咳嗽；他人开左步，我也开左步；看见球踢进对方的门口，旁观的人也提起腿来想助一脚；看见人从高处跌下，自己的脚也受震动。这些都是这一类的例子，这叫作生理的同情，与最初级的模仿没有区别，在群众运动中尤其明显。抱不平时的迅速联合攻击、戏院失火时的全体惊慌，都属这类。变态行为中有一种叫作"疯癫传染"：一人发疯，全疯人院的人都发疯，或一个士兵发疯，全营的人都随着发疯，也属这类。更有一种"自杀传染"：一人自杀，大家也随着自杀——但不属这类，因这种行为牵涉心理作用，不是纯粹的生理作用。

心理的同情

上面说的生理的同情是运动模仿，心理的同情则是情绪模仿，所以又称为情绪的同情——看见他人喜乐、愤怒、忧愁、恐惧，我也发生这些情绪。一个笑容足使四周的人都觉得快乐些。一人向隅，满座为之不欢。听见别人惊骇叫喊，我们也害怕起来了。没有什么东西比别人的怒更容易激起自己的怒。平息他人怒气的好办法，是先平息自己的怒气。心理的同情是同情的始祖，必须伴随意识而起，不像前一类不知不觉地产生。

同情只是仁爱的基础，自身不必包含仁爱。乐群动物，例如蜂，看见同类受伤，往往弃绝逃避，人类也是这样。逃避以前心中必有所不忍，这不忍就是同情的表现，逃避则暴露了他们缺乏仁爱。

心理的同情只对于心性略同的人而起。勇敢和胆怯、悲哀和欢乐的人中，绝少有其表现。这情绪可推之于一切人类及与人接近的动物，但不能推及其他动物，因其他动物的心性与人太不同了。

理智的同情

还有一种理智的同情，可推广到宇宙一切。诗人不但表同情于鸟、兽、虫、豹、草、木等有生命物，且表同情于风、月、春、夏、山、川等无生命物。所谓"乡无君子，则与山水为友；里无君子，则以松竹为友；坐无君子，则以琴酒为友"。俊英是研究文学的，她曾调查李、杜、韩、孟、白、王等一百五十余位诗人的两千余首诗，统计吟"人"与吟"物"的次数。以诗题为单位，计吟"人"凡九百五十七次，吟"物"九百零八次，为十九与十八之比。吟"物"的次数几乎与吟"人"相等。

活动与同情

以自我为中心者同情心不发达,因为表现自己的个性还怕来不及,哪有闲暇模仿他人。寡情的人同情心最不发达,因为他们对自身所受的情绪刺激都无反应,对他人所受的更漠视了。他们常抱的态度是"吹皱一池春水,干卿底事"。

同情的效用

同情的力量远胜金钱,它能医治疾病及忧虑。它不仅安慰人心,且能真正解除痛苦。心爱的人给予的同情最为有效,经他们抚摸,头痛或可减退。医师及护士的成功一方面靠技术,一方面还靠对病人所表示的爱心。

智人的同情

大体而言,智慧卓越者、天才或大思想家的同情心胜过常人。华盛顿十八岁时曾冒险从水中救起一女孩；林肯十二岁时曾扶持一醉人归家，照料他到苏醒为止；意大利建国英雄加里波在儿时捉到一只蟋蟀，无意折其一腿，十分难过，痛哭一场，他少年时就救起一位将要淹死的妇女；达尔文儿时即爱收集鸟卵，但从不取走一巢内所有卵，每巢只取其一，恐伤鸟心，有一天打了一只狗，事后懊恼不已；马厩失火，孔子问人不问马；法国有一时期的贵族，骄横无忌，常乘马车横冲直撞，遇有撞伤，问马不问人，结果引起大革命；又孔子"于有丧者之侧，未尝饱也"，常人做吊客，则专为饱餐一顿而去，所以开悼的人家必先预备酒席若干桌；孟子"远庖厨，闻禽兽之声而不忍食其肉"；常人则生吞活咽各种生物，例如鱼虾，释迦牟尼看见一位衰老的人，一位病人，与一死尸，而大不忍，乃舍弃太子之尊，出家修行一生；宋哲宗漱水避蚁，周宣王以羊易牛，韩愈为鼠留饭，怜蛾熄灯；宋人徐积养狗，繁殖至数十只，却不肯送人一头，有人问他，他说："吾不忍见其母子相离也。"先哲有言："昆虫未蛰，不得以火烧田。"这都是同情心的表现。文王葬枯骨无益于民，而民悦之，恩义动人也；王翁观五脏，无损于人，而人恶之，恶其残酷也。今人见死不救，日以杀人杀动物为乐事、为职业，可谓丧尽天良了。

第十一章

两性差异

女性富于情绪

女性的情绪较男性丰富早已是公认的事实，但至今难有一个合理的解释。作者在第三章"情绪生理"中说过，情绪依靠肌肉活动。女性有什么肌肉比男性更活跃呢？生理学家说女性的循环器官对刺激更为敏感。那些毫不影响男性心脏的刺激常能使女性心跳加快。女性由睡眠中突然醒来时，脉搏跳动次数加多。女性得歇斯底里症者特多，但此病起于血管抵抗力的薄弱。抵抗力薄弱的部分，最容易为刺激所扰乱。绿内障（眼病名，俗名青光眼或绿水眼。患者看物不清，目力日渐耗损）也是女性常见病，起于血脉运动不稳定。又女性易得抽筋症，患癫痫（又名羊痫风。患者忽然昏倒，口吐白沫，四肢抽筋，声似羊鸣）者较多。医家以容易动情与否断定一人将来有无得抽筋症的危险——易动者有之，可见这两件事的关系。这些都足以证明女性有较活跃的肌肉，是为其丰富情绪的基础。

女性羞

面红起于血脉运动神经控制力的丧失，达尔文称它是一切表情动作中之最富于人性的，其实改称为"最富于女性的"更为恰当。女性羞随处可见。在大约十五到十八岁的女孩中表现最多，其次是二十岁的女孩。这不仅明示其与性生活的关系，而且还多与癫痫发生的时间暗合。女性不能阻止其情绪活动，也就像她们不能控制其血脉运动一样。

反射运动与情绪

凡反射运动发达的人，其情绪亦必发达，因为二者同为不甚依赖脑神经的活动，它们中间有连带关系。因受撩而起的运动，是反射运动中最强烈的一种，通常都是女性的这种运动比较发达。眼皮对突呈于眼前的刺激发生反射运动，如急闭两眼，也是在女性中较为多见。帕特里奇曾用视和听两种刺激试验儿童一千一百名，被试和刺激中间隔一玻璃砖，保证刺激决不能直达被试的眼睛，试验被试控制闭眼的能力，结果女不如男。男性这种控制力随年龄增加很快。女性只做不规则的增加，且速度很慢。十二岁的女孩出现大退步，成绩只与六岁时相等，这又和性欲及癫痫最盛期暗合。

呜咽及出声笑

呜咽及出声笑，也可视为抽筋的一种。女性喜欢笑，容易哭，各地都是一样。大笑以痒的反射为基础，前文已经提到。女性的眼泪特多，更是不可强求的事实。据理查德森的研究，流泪并非痛苦的结果，即使是很大的痛苦也不产生。只有交感神经最发达，最易刺激，喜乐、忧愁、恐惧等基本情绪最活跃的人眼泪才多。由此更证明女性富于情绪的说法不假，且有了生理的根据。

噘嘴

噘嘴（突起嘴唇）也是对外来刺激自动反应的一种，是儿童特殊的表现，于成人则不多见；即便有，也往往见于女性。女性的尊严被侵犯时，常于不知不觉中噘起嘴来，好像代替怒骂似的。同属儿童时代的自动反应，在女性身上存留，在男性则消退，原因也可由上述的生理因素推知。

面部表情

女性面部表情丰富，又是日常能见的事实，没有什么神秘，只是她们的面部肌肉比男性更容易活动罢了。儿童面部运动都非常活跃，但也有两性的差异。华纳曾以十万儿童为研究对象，发现女性不善于面部表现的极少，而做夸张表情者特多。疯女的外部表现尤其强烈，代表其内心常存十分不安的状态。疯男则相对平和多了。青年女性听见异性脚步逼近的声音，常突然改变其态度，不知不觉比以前活泼、娇羞，起初不会问来者是谁。男性和人言谈，除极熟悉者外，鲜有不呈现像铅版一般固定之面孔者。女性即便在哀恸时，也能以笑容见客。居丧或吊丧的女性能在相见的刹那间痛哭流涕，富家开追悼会有另雇女仆代哭的事。女仆和死者虽然素昧平生，但受雇后的啼声并不亚于孤哀女眷（作者幼时居鄂屡见其事），可谓能尽职了。无聊至极的男性百事可做，唯独这件事不敢受命。女性能一面啼哭一面诉苦——说得滑稽一点，一面制曲一面作歌；其实她们的关注点只在歌上，曲是自动的、机械的，好像从留声机中发出的一样。被压迫的女性（妓女、婢女，旧家庭制度下的儿媳）尤其非善于急变其容颜不可。世人（甚至同性的人）有因此而轻视女性的，其实连她们的生理自然现象都不理解。

不随意肌的可动性

不随意肌的可动性（即容易受感动的性质）不一定都像循环器官那样明显与容易被人观察，有些只能以实验测量。瞳孔对暗光、远物、任何肤神经的扰乱（例如钳、刺乃至擦磨颈项或四肢）、大声及各种情绪状态而生的扩大反射，通常都被人忽略了，更谈不到两性的差异。唯据莫利等人的实验，男性对于以上刺激可能产生反应，也可能无反应，女性和儿童则会很有规律地反应。这又是两性在不随意肌肉活动上的一个差异。

膀胱与情绪

膀胱感受轻微刺激的能力比瞳孔更强，或许是体内最具感受性的器官。稍加刺激于任何感觉神经，此器官都会立刻收缩，使血压增高或呼吸中枢兴奋的一切机体状态，无不同时影响此器官。若被试者是女性，只要用手指轻触其手背，此器官便做一次收缩。这收缩虽不能由人类肉眼直接看见，但用记波器测量则会清楚地显示。被试女性无论何时谈话、听话或稍用思想，也可起同样收缩。这反应远比血管或任何身体部分灵活。从前的人称膀胱为"灵魂的镜子"，称灵魂的膀胱为镜子，各有见地。（这里所说的"灵魂"，自然是指整个心理生活而言，不是宗教家所说的灵魂。）膀胱的微弱收缩或许与情绪无关，强烈收缩分明是发起恐惧、焦急、悬念等情绪不可缺少的成分。极端强烈的收缩近乎抽筋，此时患者不能控制自己的排泄。儿童常有这现象，成年女性次之（因怀孕而起的除外），成年男性有者极少。这又是两性在不随意肌肉上的一种差别。假若我们能用同样精细的方法试验其他器官，必得同样结果。

血液与情绪

男女之间更有新陈代谢上的差异:女性血内水分较多,所以容易得贫血症。贫血增加敏感性。贫血女性往往对极轻微的刺激起猛烈反应。非静养(即免除紧张生活,逃避繁杂刺激的意思)不足维持其健康。

女性有较广的器官活动,除心脏、瞳孔、膀胱三个重要器官及血液的证明外,女性还有较大的腹内器官,和较广的器官活动(所谓"较大""较广",都指与本人全身比例而言,不是和男性做绝对的比较),更可证明她们富于情绪之说确有生理的根据,即脏腑的根据。情绪几乎全是由脏腑活动生成的。

女性易受暗示

女性既有较敏感的身体,所以对暗示也更能接受。精神病中有所谓"交通性疯狂"者:一人疯狂,同他往来的人受其暗示,不知不觉开始模仿,久了也变疯狂。此症在女性中较多。女性因为容易接受暗示,对新印象、新风俗、习惯,总而言之对新环境比较能适应。同一原因,她们患思家病(这确是一种病症,有晕眩、作呕、出冷汗、气息闭塞、幻觉等症状,不是形容思家过度的空词)的也较少。女性出嫁的风俗远较男性入赘更为盛行,也是此理。俗话说:"女心向外。"用这句话评论新娘更为准确。

女性情绪易走极端

总而言之,女性一切特质莫不与其易感性有关。明了这一点的人,可以说了解女性心理一大半了。世人对于女性有一最难解答的问题:女性何以是世上最仁慈同时又最狠毒的?其实毫不足奇,这同是易感性的结果,易感性可使任何情绪走入极端。

两性情绪差异能否消灭

情绪虽可教化,其两性的差异却永不能消灭,至多可比今日减少,因为产生这差异的生理无法改变,我们不必为此事忧虑。易感性可使人为恶，也可使人行善；可使人非常残忍，也可使人非常慈悲。本无绝对的利弊。假使两性在这方面的差异在一天内消灭，不只互助能力将损失一大部分，就是互相吸引的能力也不免丧失过半。容易动情的男性在女性眼中的地位很低，难以动情的女性在男性心中地位也不高。照这样说来，上述的差异纵然没有生理的基础，也永久不能消除。纯粹心理的需求能使两性继续在恐惧上保持差异，也可使其他情绪继续产生差异。

第十二章

情绪记忆

情绪记忆能否存在

世人常说情绪经验不能随意唤起,所能唤起的只是情绪发生时的境遇及相关事物,正所谓触景生情。换句话说,人只有理智的而无情绪的记忆。也有相反的观点:人不但有情绪的记忆,而且这种记忆比感觉或感情的记忆更真切、持久。事实上,这种经验因人而异,有很大的个体差别,所以各家所见不同。情绪的记忆好像想象一样:有完全能忆者,有绝对不能者,有须先唤起境遇或相关事物的联想记忆者,也有所记比原先经验更真切者。两极端中间有无数参差不齐的状况。

大概某情绪较丰富者,便擅长记忆某情绪。暴躁或富于愤怒者,只要听见了或想到敌人的名字,即足使其咬牙切齿,摩拳擦掌,做出要打他的姿势。胆怯或富于恐惧的人,回想生平所遭遇的最大危险,即会全身战栗,面无人色。谈虎令人色变。不大方者偶然失礼,过后想到,总觉得难为情。爱人异地

第十二章 情绪记忆

相思,情不自禁。诗人和艺术家尤其非长于这类记忆不可。

虽然如此,情绪的再生终究比感觉或观念难些。我们能顷刻唤起某视觉或听觉的想象,但不能立即使某情绪的表现再现,原因有二:(1)感觉及观念可直接并可随意唤起,情绪要等待情境唤起后才发生。前者只是一步,后者两步,是间接的。有许多人停止于第一步,所以伴随的情调或是模糊或根本没有。(2)唤起感觉或观念,只要脑神经和肌肉起活动,唤起情绪,还要机体或内部器官起活动。机体活动大半是化学反应,所以较慢。而且一种情绪往往包含数种机体活动——呼吸、循环、分泌等,所以更为复杂。

有些人容易产生情绪,但并不长久。当忧、乐、爱、恶的事情发生时,他们会全身震动,好像触电一样;但事过境迁,便丝毫不留残痕。这与人的操守德行有很大关系。假使浪子不能记牢穷时的景况,一旦再富必挥霍如故。酒客不能回忆醉时的状态,再饮必再醉如故。囚犯尽忘铁窗风味,释后必犯法如故。那些对人缺乏同情,或待人残酷的,必是完全忘却自己曾经之痛苦艰难,或是生于富贵王侯之家,从无这类经验的人。鲁哀公自认"寡人生于深宫之中,长于妇人之手。寡人未尝知哀也,未尝知忧也,未尝知劳也,未尝知惧也,未尝知危也",便是一个例子。"忘恩负义",是说对从前恩义不能记忆。与其说这是道德问题,不如说是心理问题。世上有许多人中途丧失其宗教、道德、智或美的情感,甚至对以前整个情绪生活遗忘或冷淡。

快乐记忆与忧愁记忆孰强孰弱

人类记忆快乐或记忆忧愁的能力哪一种强些?哲学家对这问题曾有不少辩论。大概乐观派说快乐经验容易记,悲观派说忧愁经验较难忘。这话未免太概括,没有顾及个体差别及客观事实。论到个体差别,有长于快乐记忆的,有长于忧愁记忆的。就像在感觉上有长于视觉记忆的,有长于听觉记忆的一样。从客观方面说,一种经验能保持多少天,第一依靠刺激的强弱或印象的深浅。久旱甘雨,他乡故知,洞房花烛,金榜题名,虽同属快乐印象,深浅不能说是一样。长亭饯别,阳关吟别,霸陵伤别,咸阳哭别,虽同为别离情绪,程度不能说是相等。亡羊一只,中奖十万,羊可忘而奖难忘,这并不是快乐比忧愁容易记牢。他日父被人杀,奖忘而仇存,岂是忧愁又比快

第十二章　情绪记忆

乐易记？刺激的力量相差太远罢了。

其次依靠情境的繁简。繁者有助于记忆。同是念书，在有课外生活的学校内住一年，比在不供给这种生活的学校住四年，所得印象更深，爱母校之心更切。假若人类产子像鸟类产卵一样容易，可以想见母爱必不及现有的热烈。遗腹之子不思父，因毫无印象可言。帝王加冕有筹备到数年的，旨在给人民一个深刻的印象，以便永久拥戴。古人制定婚丧礼节不厌其烦，无非欲留日后无穷之思。现代丧礼还能保守旧制，婚礼已日趋简单了。今年发新闻宣布我俩同居，明年登启事声明我俩分离——得来容易的舍弃也容易。经济的胜利换取心理的失败，所以作者主张婚姻的仪式要尽量隆重，费用不宜节省，要大热闹一番，作为永久纪念。我读许多老年人回忆往事的诗文，常不免要将他们结婚时的情境称心满意地描写一番，可见他们时常在想念这件事，这种想念是维持恩爱的一个重要因素。假若从前婚礼太草率了，今日拿什么做回忆呢？

快乐记忆与忧愁记忆的生理基础

假如刺激程度、历经时间、经验次数及其他一切情形相同,生理上还有没有其他可以使快乐或忧愁容易记牢的因素?法国心理学家李沃特说情绪的再生性和所含的肌肉运动多寡成正比例——肌肉运动愈多,情绪愈易重现。

概而论之,人在快乐时,肌肉运动少,机体活动多——循环、呼吸等都有增加。忧愁时则相反——肌肉运动多,循环、呼吸等都减少。所以快感易逝,忧愁难忘。读艳情小说,兴趣只正在读时,过后所剩无几。读哀情小说,兴趣每每延长到读罢以后,每每想起犹有余哀。小说家偏重哀情,未尝不是有意赚人过后的思念。莎士比亚的几部著名作品,几乎全是悲剧。

情绪记忆与感觉记忆

作者曾测验大学学生一百零六人,令每人静坐十分钟。回想幼儿时代的生活,将能回忆起的最早经验写下一条,随后发现所写各条属于不快感者（例如责罚、病痛、感伤、危险等）较属于快感者（例如游戏、食物等）多三倍，且能忆起之事中的六成全属或连带情绪作用。情绪的记忆比感觉的记忆约多百分之五十。

忧乐相克的能力

一个痛苦经验的回忆能将目前的快乐转化为忧愁；一个快乐经验的回忆则不能转变此刻的忧愁。

情绪的接近联想

假如情绪的刺激是某人，则凡和这人接近的事物，也可唤起同样的情绪。因爱其人，兼爱其衣饰、家具、房屋。仇人用过的东西几无一不令人生厌。"里名胜母，曾子有事而不入""水名盗泉，孔子渴矣而不饮"是厌恶其联合的名称。专制时代的人民对皇帝的座位、书信、赠品莫不敬拜。抚物伤怀，触景生悲。得名士之片纸，爱若珍宝；拾美人之一巾，相思刻骨。

情绪的类似联想

假如情绪的刺激是某人，则凡和这人相像的人也可唤起同样的情绪。那些令人一见倾心或一见如故的事，大概是因为眼前的人的外貌、衣服、语言或性情和旧日认识的某人有相似之处，所以拿向来待某人的态度待这人。但某人是谁，或许一时记忆不清，因此有人说这类事是潜意识的作用。母亲看见他人的子女忽起爱怜，因为这子女很像已死去的亲生子女。不必所有方面都相像，有时只要年龄一项相像就够了。这种情绪的转移，有极高的社会和道德价值，是爱亲友、邻舍、乡党、国家、人类，总体来说，是博爱的根本。

证于以上两节，情绪有帮助联想、使观念再生的作用。